LETTERS FROM
AN
ASTROPHYSICIST

LETTERS FROM AN ASTROPHYSICIST

나의 대답은 오직 과학입니다

천체물리학자의 우주, 종교, 철학, 삶에 대한 101개의 대답들

Neil deGrasse Tyson

닐 디그래스 타이슨 지음 | 배지은 옮김

반니

나의 어머니께.

당신은 제게 의미와 영향력이 있는 글을 쓰는 방법을

처음으로 가르쳐준 분이셨습니다.

나의 아버지께.

각양각색의 사람과 장소,

사물 사이에서 길을 찾아 나섰던 당신의 여정을 통해

제 인생의 길을 찾는 데 필요한 지혜를 배웠습니다.

지금까지 내가 지루하게 했다면,

변명처럼 들리겠지만,

짧게 줄일 시간이 없어서 그런 겁니다.

_ 1704년, 윌리엄 카우퍼

차례

III 파토스

우리 안에 이미 존재하는 감정에 대한 명백한 호소

IV 카이로스

결단 또는 행동을 하기에 적당한 순간

서문

소셜미디어를 통해 대부분의 소통이 이루어지는 요즘, 편지 쓰기는 확실히 과거의 유물이 되어버렸다. 그로 인해 우리가 겪는 가장 큰 피해는 느낌과 감정을 정확히 전달하는 데 필요한 단어를 찾는 능력을 잃어가고 있다는 것이다. 그렇지 않으면 왜 편지의 내용을 보충하기 위해 그렇게나 많은 이모티콘이 필요하겠는가? 미소 짓는 표정, 화난 표정, 하트, 엄지 척. 그러나 세상에 대한 호기심이 끓어오를 때, 자신의 무지에 밤잠을 이루지 못할 때, 실존주의적 불안이 흘러넘칠 때. 그렇게 가끔 누군가에게 지면을 빽빽하게 채워가며 편지를 써야 할 때가 있다.

이 책은 내가 받은 편지와 그에 대한 답장을 골라 엮은 것이다. 수신인은 대부분 전혀 모르는 사람들이고 기간은 20년 전까지 거슬러 올라가지만, 편지의 대부분은 내 이메일 주소가 일반에 공개된 최근 10년 동안 주고받은 것이다.* 대개는 과학에 대한 어렵지 않은 질문을 하는 편지들인데, 그런 편지는 내가 관장으로 있는 뉴욕시 헤이든 천문관의 연구원들이 답장해주었다. 그 밖에 개인적인 내용을 담고 있거나, 내가 했던 강연이나 내가 쓴 책, 내가 출연한 동영상의 구체적인 내용을 언급하고 있는 편지들은 내가 직접 답을 했다.

의미 있는 감정이나 호기심, 걱정거리를 털어놓는 편지글은 되도록 고스란히 실었다.•• 조금 횡설수설하는 편지는 간결하게 한 문단으로 요약했다. 어떤 편지는 세상에 분노한 사람들 또는 내가 했던 말이나 행동에 화가 난 사람들이 쓴 것이다. 누군가는 견해와 신념을 진지하게 탐색하는 편지를 보내왔다. 슬프고 민감하고 가슴 아픈 사연을 담은 편지도 있었다. 대부분의 편지에는 우리가 살면서 한번쯤은 경험하는 갈망, 즉 인생의 의미와 이 세상 그리고 이 우주 안에 사는 우리의 위치를 이해하고자 하는 시들지 않는 욕구가 담겨 있었다.

특정 인물이 아닌 모두에게 보내는 편지들도 함께 수록했다. 여기에는 《뉴욕타임스》를 포함한 언론사의 편집자에게 보낸 편지나 페이스북을 비롯한 인터넷 공간에 기고한 글도 포함된다. 편지들 중에는 2001년 9월 12일에 쓴 글도 있는데, 길이가 제법 긴 이 편지는 불과 네 블록 떨어진 곳에서 세계무역센터 쌍둥이

• 이메일이 아닌 다른 수단(예. 미국의 우편집중국을 통해 전해진 우편물 또는 소셜 미디어)으로 받은 편지는 구체적인 수단을 표시해두었다.

•• 눈에 띄는 철자와 문법 오류는 간단히 교정했다. 너무 긴 편지들은 명료하고 간결하게 편집했다. 그러나 감정에서 우러나온 열정적인 문장부호는 대부분 손대지 않고 그대로 두었다!!!

빌딩의 테러와 붕괴를 목격한 후 24시간 만에 가족과 동료들에게 쓴 것이다.

무엇보다도 이 책《나의 대답은 오직 과학입니다》는 호기심 어린 영혼들을 가르치고, 깨우치고, 궁극적으로는 위로하기 위해 모아온 지혜를 담은 산문집이다. 이것은 천체물리학자이자 교육자인 사람의 렌즈를 통해 바라본 세상이다. 이 세상을 이제 여러분과 함께 나누고자 한다.

프롤로그

일종의 회고록

NASA의 60번째 생일을 축하합니다

2018년 10월 1일

페이스북에 쓴 글

친애하는 NASA에게

생일 축하합니다! 아마 모르셨겠지만, 우리는 동갑이랍니다. 여러분은 1958년 10월의 첫 번째 주에 미국 국가항공우주법에 의해 민간항공우주국으로 태어났고, 나는 이스트브롱크스에서 내 어머니가 낳아주셔서 태어났습니다. 그래서 올 한 해 우리의 탄생 60주년을 기념하는 분위기가 이어지는 동안 나는 우리의 과거, 현재, 미래를 돌아보는 특별한 기회를 갖게 되었습니다.

존 글렌이 처음으로 지구 궤도를 돌았을 때 나는 세 살이었습니다. 발사대에 오른 아폴로 1호에서 발생한 비극적인 화재로 그리섬, 채피, 화이트를 잃었을 때는 일곱 살이었고, 암스트롱, 앨드린, 콜린스가 달에 갔을 때는 열 살이었습니다. 그리고 내가 열네 살 되던 해, 달 탐사가 전면 중단되었지요. 그때까지 나는 여러분과 미국 덕분에 무척이나 신이 나 있었습니다. 그러나 온 마음으로 즐기는 다른 사람들과는 달리, 나는 이 여정의 간접적인 스릴을 온전히 만끽할 수가 없었습니다. 물론 우주비행사가 되기에는 너무 어리기도 했지만, 이 서사적 모험에 직접 참여하기에는 내 피부색이 너무 짙다는 것도 잘 알고 있었습니다. 그뿐만 아니라 NASA가 민간기구라고는 해도, 유명한 우주비행사들은 대부분 전쟁이 시들해져가던 시절을 살던 공군 조종사들이었습니다.

1960년대의 흑인 인권운동은 여러분보다 나에게 훨씬 더 현실적으로 다가왔을 겁니다. 1963년, 존슨 부통령은 앨라배마 헌츠빌에 있는 NASA 최고의 연구기관인 마셜 우주비행센터에 흑인 엔지니어들을 고용하도록 지시를 내렸었습니다. 이 내용은 NASA의 문서 보관소에서 직접 찾은 것입니다. 기억나시나요? 당시 NASA의 최고 책임자였던 제임스 웹은 독일 출신의 로켓 전문가이자 유인 우주 프로그램을 총괄하던 센터장 겸 수석 엔지니어인 베

르너 폰 브라운에게 서한을 보냈습니다. 이 서한에서 웹은 해당 분야에서 '흑인들이 동등하게 채용될 기회가 부족'함을 지적했고, 인근의 앨라배마 A&M과 터스키기대학교와 연계해 검증된 흑인 엔지니어들을 발굴해 훈련시키고 고용하여 NASA의 가족으로 맞이할 것을 대담하고 직설적으로 지시했습니다.

NASA와 내가 아직 채 여섯 살이 되지 않았던 1964년에, 우리 가족이 살던 브롱크스 리버데일 구역의 새 아파트 단지 밖에서 피켓 시위가 있었습니다. 우리 가족을 포함해 흑인들이 아파트에 입주하는 것을 반대하는 시위였습니다. 그들의 노력이 실패로 돌아가서 참 다행입니다. 이 22층짜리 건물의 이름은 '스카이뷰 아파트'였습니다. 나에게는 다소 예언 같은 이름이었죠. 몇 년 후 나는 그곳 옥상에서 내 망원경으로 우주를 바라보게 됩니다.

내 아버지는 흑인 인권운동에 적극적이셨고, 뉴욕시 존 린제이 시장 밑에서 당시에는 '도심 빈민지역'이라고 불리던 게토 지역의 젊은이들을 위해 일자리를 만드는 일을 하셨습니다. 해가 갈수록 이 노력에 반대하는 세력은 거대해졌습니다. 가난한 학교, 나쁜 선생님들, 빈약한 자원, 절망적인 인종차별 그리고 암살당하는 지도자들. 여러분이 머큐리, 제미니, 아폴로 프로젝트를 성사시키며 다달이 성과를 축하하는 동안, 나는 미국이라는 나라가 온 힘을 다해 나의 존재와 내 인생의 목표를 하찮게 취급하는 것을 지켜보고 있었습니다.

나는 여러분이 나를 이끌어주기를, 세상이 내 야망을 지지하고 있다고 느낄 만한 비전을 제시해주기를 바랐습니다. 그러나 여러분은 그 자리에 없었죠. 물론 사회 문제들을 가지고 여러분을 비난할 수는 없습니다. 여러분이 보여준 행동은 미국에 만연한 관습의 증상이었지 원인이 아니었으니까요. 그건 나도 잘 압니다. 그렇다 해도 내 또래 동료들 가운데 나는, 여러분의 성취 때문이 아니라 여러분의 '성취에도 불구하고' 천체물리학자가 된 아주 드문 사례라는 것을 여러분은 꼭 알아야 할 것입니다. 영감을 얻기 위해 나는 도서관으로, 우주에 관한 책을 파는 중고 서점으로, 망원경이 있는 옥상으로 그리고 헤이든 천문관으로 발걸음을 돌렸습니다. 때로 학교는 내 야망을 반기지 않는 사회로 나아가는 가장 험난한 통로 같았습니다. 그런 학교에서 고군분투한 끝에 나는 전문 과학자가 되었습니다. 나는 천체물리학자가 되었습니다.

이후 수십 년 동안 여러분은 먼 길을 걸어왔습니다. 아직 미국의 미래를 향한 이 모험의 가치를 알지 못하는 사람들도, 다른 선진국과 개발도상국들이 기술적으로나 경제적으로 모든 측면에서 우리를 앞지르게 되면 곧 깨닫게 될 것입니다. 그뿐만 아니라 선임 관리자부터 유명한 우주비행사에 이르기까지 오늘날의 여러분은 미국을 아주 많이 닮아 있습니다. 축하합니다. 이제 여러분은 완전히 시민의 소유가 되었습니다. 이와 관련된 여러 사례가 있지만, 나는 특히 대중에게 가장 많은 사랑을 받은 무인 탐사 임무였던 허블망원경의 소유권이 일반 시민에게 돌아갔을 때를 기억합니다. 2004년 허블망원경의 4차 정비를 위한 유인 비행 임무를 수행하지 않겠다는 결정에 맞서 사람들은 모두 목소리를 높였고, 결국 허블망원경의 수명은 10년 더 연장되었습니다. 허블이 찍은 초월적인 우주의 이미지들을 통해 우리는 망원경의 유지 보수를 위해 우주로 나갔던 우주비행사들 그리고 망원경을 통해 얻은 정보의 혜택을 본 과학자들과 똑같이 우주의 심오한 이야기를 들을 수 있었습니다.

그뿐만 아니라, 나는 NASA의 자문위원회에 소속되어 충실히 봉사함으로써 여러분이 가장 신뢰하는 인물 순위에 합류하기도 했습니다. 나는 최선을 다하는 여러분이야말로 세상 그 어떤 존재보다 이 나라의 꿈에 영감을 줄 수 있음을 깨닫게 되었습니다. 이것은 과학자, 엔지니어, 공학자가 되어 거대한 탐구에 헌신하겠다는 야망을 품은 학생들에 힘입어 꿀 수 있는 꿈입니다. 여러분은 미국 내에서뿐만 아니라 전 세계를 대상으로 우리의 정체성 중 한 부분을 보여주고 있습니다.

이제 우리 둘 다 60세가 되었고, 태양 주위 궤도를 도는 61번째 여정을 시작하게 되었으니, 내가 여러분의 기쁨과 슬픔을 함께하고 있음을 알아주기를 바랍니다. 그리고 여러분이 다시 달에 가는 것을 간절히 보고 싶습니다. 그러나 달에서 멈추지 마세요. 화성이 그리고 그 너머의 수많은 목적지들이 우리를 손짓해 부르고 있으니까요.

나의 동갑내기 친구. 항상 그랬던 것은 아니었지만 지금도 그리고 앞으로도 나는 여러분의 겸손하고 충실한 봉사자로 남을 것입니다.

– 뉴욕에서, 닐 디그래스 타이슨

I
에토스

문화적 신념과 열망 안에서
드러나는 특징적인 정신

1 희망

Hope

통제할 수 없는 상황에 처했을 때,
우리에게 마지막으로 남는 것은 희망이다.
희망이 없다면 우리가 도대체 어떻게
삶의 도전에 맞설 수 있겠는가?

혼수상태

2007년 2월 25일 일요일
타이슨 씨께
나는 오랫동안 우리가 사는 이 우주가 우리를 죽이고 싶어 한다고 의심해왔습니다. 그래서 당신이 강연에서 그런 말을 했을 때 놀라지 않았어요. 하지만 묻고 싶었습니다. 도대체 희망은 어디에 있나요? 아니면 희망이라는 게 있기는 한가요?

나는 2001년에 13일 동안 혼수상태에 빠졌던 적이 있고, 기적적으로 살아나 사랑하는 남편과의 삶을 다시 이어가고 있습니다. 남편은 내 옆에서 사랑 노래를 불러주고, 나에게 일어나라며 계속 말을 걸어주었어요. 나는 눈을 뜨고 그 사람한테 미소를 지어주었죠. 그렇지만 그때의 경험 이후로 내가 알게 된 것들은 썩 좋지 않은 것들뿐이었고, 결국 이전과는 완전히 다른 사람이 되었습니다. 당신이 보기에도 저 바깥에는 '좋지 않은' 것들이 대부분이지 않나요? 만일 그렇다면, 당신은 어떻게 인생을 즐기고 계신가요? 아니면 즐기지 못하시는 건가요?

– 쉴라 밴 하우튼

밴 하우튼 씨께

제가 보는 희망은 두 종류입니다. 하나는 종교적인 희망으로, 상황이 나아지기를 바라며 기도를 하거나 종교 의식을 치르는 것입니다.

그러나 다른 희망도 있습니다. 그것은 현실세계를 배우고 우리의 지성으로 세상이 나아지도록 도전하는 것입니다. 인간은 이런 방식으로 희망을 얻습니다.

맞습니다. 우주는 우리를 죽이고 싶어 합니다. 반면에 우리는 살고 싶어 하지요. 그러니 소행성의 경로를 바꾸고 치명적인 바이러스의 치료제를 발견하고 허리케인, 지진

해일, 화산 폭발의 위력을 줄일 방법을 함께 찾아봅시다. 이것은 과학기술을 이해하는 사람들이 함께 노력할 때에만 가능한 일입니다.

지구를 위한 희망은 거기에 있습니다. 이 희망은 기도나 자기 성찰 같은 행위가 보장하는 희망보다 훨씬 더 큰 것입니다.

– 닐 디그래스 타이슨

두려움

2009년 7월 5일 일요일

타이슨 선생님께

선생님이 나오는 TV프로그램을 봤습니다. 지금까지 선생님이 살아온 인생을 존경합니다. 저는 다른 사람들을 도울 수 있는 일을 하려고 항상 노력해왔어요. 저는 서른여덟 살이고, 세 아이의 엄마이자 학생입니다. 인구 1,500명 정도의 작은 마을에서 태어나 자랐고, 16년간의 결혼 생활에 종지부를 찍고 응용과학 준학사 학위를 마친 후 워싱턴대학교 사회복지학과에 진학하기로 마음먹었습니다.

저는 8월 1일에 스노호미시로 이사를 갑니다. 지금은 일자리가 없지만, 일할 수 있는 자리는 모조리 지원하고 있습니다. 방송에서 선생님이 야망에 대한 이야기를 할 때 정곡을 찔린 심정이었어요. 제게는 먹여살려야 할 세 아이가 있고, 제가 원하는 것은 그저 일을 하며 학교에 다니는 것뿐입니다. 저는 사회복지사로 일하고 싶습니다. 노인들을 상대로 임시 위탁 보호도 해보았어요. 그러나 꿈을 이루려면 패스트푸드점에서 일을 해야 합니다.

저는 아이들에게 만족스러운 환경을 마련해주지 못할까 봐 늘 걱정이 되고, 그게 너무 무서워서 가끔은 꼼짝도 못 할 때가 있습니다. 그러나 그런 두려움이 저를 멈추게 내버려 두지 않을 것입니다. 70살이 될 때까지 해마다 워싱턴대학교에 지원을 해야 한다 해도 상관없어요. 저는 학교에 다닐 것이고 열심히 노력해서 석사학위를 딸 겁니다. 다만 마음 깊은 곳에 도사리고 있는 이 구역질 나는 기분을 어떻게 없앨 수 있을지, 모든 걸 포기하고 얼굴을 바닥에 처박은 채 고꾸라질 것 같은 두려움을 어떻게 몰아낼 수 있는지 그걸 모르겠어요.

제게는 투지도 있고 결단력도 있습니다. 저에게 필요한 건 브레이크입니다. 무임승차를 하겠다는 게 아니라, 그냥 일자리가 필요하단 겁니다. 저는 그 무엇도 공짜로 원하지 않습니다. 그저 가야 할 길을 갈 수 있도록 일자리를 얻고 싶을 뿐이에요.

선생님께 왜 이런 글을 쓰고 있는지 모르겠네요. 원하는 건 아무것도 없고, 단지 누군가 제 두려움을 들어주었으면 좋겠다고 생각했어요. 이런 얘기를 할 사람이 아무도 없는데, 선생님이라면 이해할 수 있을 것 같았습니다. 읽어주셔서 감사합니다.

–리사 칼마

리사에게

인생에서 실패하는 사람들은 자신에 맞서는 모든 난관을 극복할 충분한 야망을 갖지 못한 사람들입니다. 그리고…… 맞습니다. 우리는 모두 실패를 경험합니다. 그러나 야망이 있는 사람들은 실패를 겪더라도 이를 교훈으로 삼고 목표를 향해 밀고 나아갑니다.

변화를 두려워하지 마세요. 실패를 두려워 마세요. 두려워해야 할 것은 야망을 잃는 일뿐입니다. 당신에게 충분한 야망이 있다면, 두려워할 것은 아무것도 없습니다.

당신의 여정에 행운을 빕니다. 제 회고록 《하늘은 한계가 아니다》•의 한 구절을 들려드리고 싶습니다.

다른 이들의 판단을 넘어

하늘 위로 높이 오르면

• Neil deGrasse Tyson, *The Sky Is Not the Limit: Adventures of an Urban Astrophysicist*(Amherst, NY: Prometheus Books, 2004).

그곳에 야망의 진정한 힘이 있다

지구와 우주 전체에서 최고를 기원하며.

– 닐

신앙을 잃다

2009년 4월 29일 수요일

타이슨 박사님께

저는 노스캐롤라이나 산악지역의 젖소 농장에서 자랐습니다. 저는 가끔 내가 저주를 받았거나 뭔가 문제가 있다고 생각하곤 했습니다. 저 높은 곳에 계신 권능에 대한 믿음이 도무지 와 닿지 않았기 때문입니다. 저는 교회와 주일학교에 다녔고, 제 주위의 모든 것은 종교를 중심으로 돌아갔습니다. 그런데도 제 내면에서는 끊임없이 의문을 품고 있었습니다.

제 신앙에 대해 거짓말을 해야 했던 때가 기억납니다. 가끔은 눈물도 흘렸습니다. 계속 거짓말을 하다 보면 결국은 믿게 될 거라는 생각을 포기하고 싶던 때도 있었습니다. 저는 질문을 너무 많이 한다는 이유로 주일학교에서 쫓겨났습니다.

그러다 저 같은 사람들을 발견하게 되었죠. 그들은 저보다 훨씬 지적인데다가 신앙으로부터 자유로웠습니다. 전 그저 당신께 고맙다는 말을 하고 싶었어요. 당신의 말 한 마디 한 마디는 당신이 헤아릴 수 있는 것보다 훨씬 더 큰 영향력을 가지고 있답니다. 당신은 지리적으로 고립된 사람들에게 신앙 없이 굳건히 버티고 서서 계속 질문을 던질 수 있다는 희망을 줍니다. 당신이 과학자이자 교육자라는 건 잘 압니다. 그러나 누군가에게 당신은 희망입니다.

– 조지 헨리 화이트사이즈

화이트사이즈 씨께

개인적인 이야기를 들려주셔서 감사합니다.

누군가의 신념 체계를 바꾸어 놓자는 것이 결코 제가 의도하는 바는 아니었습니다. (물론 지금도 아니고요.) 저의 목표는 타의에 의해서가 아니라 스스로 생각하는 힘을 키우도록 하는 것입니다. 스스로의 성찰 속에서 의심하는 '영혼'과 자유로운 탐구의 '정신'이 피어나지요.

당신의 내면이 이토록 풍성하게 성장했다니 기쁩니다.

우주에 사는 우리가 늘 말하는 것처럼, 계속 하늘을 올려다보세요.

– 닐 디그래스 타이슨

흑인으로 산다는 것

마크는 과학자로서 사회에 공헌하고 있는 나를 시대가 변화하는 좋은 징조로 보았지만, 한편으로는 내가 여전히 인종차별로 인한 편견과 선입견 때문에 고통받고 있을 거라고 확신했다. 그는 피부색이 개인의 정체성과 무관해지는 시대가 오기를 염원하고 있다. 2008년 크리스마스에, 그는 아프리카계 미국인 과학자로서 내 인생 경험이 어떠했는지를 물어왔고 나는 다음과 같이 답했다.

마크에게

편지 감사합니다.

요즘은 사람들이 저를 "흑인" 과학자라고 부르는 경우가 매우 드물다고 말씀드릴 수 있어서 기쁘게 생각합니다. 그래서 당신의 편지를 받고 적잖이 놀랐습니다. 물론 당신이 살면서 경험한 일들이 그렇다면 그것을 제가 다 헤아릴 수는 없는 일이지만, 다른 지표들은 제 견해를 강하게 지지하는 경향을 보여주고 있습니다.

그러나 몇 년 전으로 돌아가봅시다. 예를 들어 2001년에 미국 항공우주산업의 미래를 연구하기 위해 결성된 백악관 12인 위원회에 제가 지명되었을 때, 어떤 이들(특히 조지 W. 부시에 반대하는 사람들)은 곧장 이렇게 말했습니다. "구색 맞춤 흑인이 필요했겠지." 그러나 실제로 위원회의 구성을 보면 저는 학자로서는 유일했지만 유일한 흑인은 아니었습니다. 함께 지명된 공군 4성 장군도 흑인이었으니까요. 그들의 논평은 사실관계와 맞지 않는 것이었습니다.

다른 예도 들어볼까요. 1996년에 제가 일하던 박물관• 에서 야간 경축행사가 열렸습니다. 당시 저는 대중에게는 그다지 알려지지 않은 사람이었습니다. 그때 저와 같은 테이블에 앉은 진보 성향의 여성은 처음엔 제가 박물관 직원일 거라고 생각했습니다. 그러나 그 행사는 박물관의 고위 관리자들만 초대되는 자리였기 때문에, 곧 생각을 바꾸어 제가 지역단체의 대표이거나 흑인들에게 형식적으로 부여되는 그런 일반적인 직함을 가진 사람일 것이라고 추측했습니다. 저는 그녀에게 내가 천체물리학자이고 이 박물관의 천문관 관장이며, 당시 공사 중이던 로즈 지구 우주관 프로젝트를 이끄는 과학자라고 대답했습니다. 그 이후로 그녀는 저녁 만찬 내내 입을 다물고 있었습니다.

• 뉴욕시 미국 자연사박물관. 나는 1996년부터 헤이든 천문관 관장으로 재직했다.

그때는 이런 일들이 흔했습니다. 그러나 이제 더는 이런 일을 찾아보기 어렵고, '미국'이 아닌 '흑인과 백인의 미국'에서만 평생을 살았던 노인들 사이에서나 일어날 법한 일이 되었죠. 최근 주목받는 여러 매체에 실린 제 신상 자료에서도 따로 저의 피부색을 언급하지 않았습니다.•

그러므로 이런 경향은 당신의 의견을 뒷받침하지 않습니다. 어쩌면 당신의 경험이 오늘날의 현실을 대표하는 것이 아님을 보여주는 것이겠죠.

당신의 따뜻한 지지에 감사드립니다. 사실 끈질기게 투쟁하면 시대는 변하기 마련입니다.

– 닐 디그래스 타이슨

IQ에 대하여

며칠 후, 마크는 흑인과 백인의 IQ 차이가 궁금하다며 편지를 보내왔다. 그는 이 문제를 놓고 종종 친구와 가족들과 논쟁을 벌이

• 나는 2007년 《타임》이 선정한 '세계에서 가장 영향력 있는 인물 100인', 2008년 《디스커버》가 선정한 '과학계에서 가장 영향력 있는 인물 10인' 중 한 명이다.

는데, 그럴 때 상대를 반박할 수 있는 근거를 찾고 있었다.

마크에게
이 문제는 사실 인종 대 IQ를 넘어 IQ의 본질을 묻는 문제일 겁니다. 그런 의미에서 《다시 찾아간 천재들: 높은 지능지수의 아이들이 성장했을 때Genius Revisited: High IQ Children Grown Up》라는 제목의 책을 참고하시면 좋겠습니다. 이 책은 공립학교들 가운데 학생들의 평균 IQ가 150 이상인 NYC헌터칼리지 부속초등학교를 조사 대상으로 선정해 졸업생 수백 명이 어떻게 성장했는지를 연구한 내용을 담고 있습니다.

IQ가 높은 아이들이 성인이 된 후를 추적 조사했다고 하면, 사람들은 대부분 그들 가운데 위대한 성취를 거둔 인물이 많을 것이라 상상합니다. 그러나 사실은 그렇지 않았습니다. 그들 중에는 노벨상이나 퓰리처상 수상자도 없었습니다. 각자의 분야에서 두드러진 성공을 보여준 사람도 없었습니다. 물론 미국 사회의 일반적인 척도로 보면 모두 성공을 거두었죠. 행복한 결혼생활을 누리고, 안정적인 직장에서 관리자급 이상의 직책을 맡고, 좋은 집도 가지고 있었으니까요. 그러나 이들이 거둔 성공이 다른 이들의 성공과 무엇이 다른지 생각해보지 않을 수 없습니다. 만일 IQ 지지자들이 주장하는 만큼 IQ가 중요하다면, 우리 사회를 이끌어가는 거물들은 모두 IQ가 높은 사람이어야 할 것입니다. 그러나 데이터는 이 주장이 사실이 아님을 보여주고 있습니다.

IQ가 고등학교와 대학교 시절의 학업 성적과 밀접한 연관성을 갖는 것은 사실입니다. 그러나 첫 직장에 입사하고 나면 대학 학점을 묻는 사람은 아무도 없습니다. 사회에서 중요한 것은 대인관계, 리더십, 현실적인 문제 해결 능력, 성실성, 비즈니스 감각, 신뢰성, 야망, 근무 윤리, 친절, 따뜻한 마음 같은 것입니다. 그러므로 나에게 인종과 IQ의 관련성에 관한 문제는 인종과 머리카락 색깔, 또는 인종과 음식 선호도처럼 어떠한 실질적 결론도 내놓지 못하는 문제입니다.

나는 내 IQ가 얼마인지 모릅니다. 한 번도 제대로 측정해보지 않았으니까요. 고등학교를 졸업할 때 성적은 전체 700명 중 350등 정도였습니다. 그래서 선생님 중에(성적에 관해서는 같은 반 친구들도) "쟤는 크게 될 애야"라고 말한 사람이 거의 없었습니다. 왜일까요? 그 이유는 교육 체계가 시험 점수를 기반으로 학생의 미래를 예측하기 때문입니다. 하지만 나는 하버드대학교의 졸업생 가운데 가장 영향력 있는 인물을 선정하는 '하버드의 100인'에 2년 연속으로 이름을 올렸습니다.

가족과의 대화에 행운이 따르기를 기원합니다. 그분들

중 누구든 의문을 품고 있는 분이 있다면, 제가 기꺼이 그 질문을 받겠습니다. 그러나 이 세상에는 IQ보다 더 중요한 토론 주제가 분명히 있습니다.

- 닐 디그래스 타이슨

시속 160킬로미터

2012년 5월 3일 목요일
안녕하세요, 타이?
어쩐지 아는 사람 같아서, 당신을 이렇게 불러도 될 것 같은 기분이 드네요.

당신의 유튜브 동영상은 말 그대로 1초도 놓치지 않고 전부 다 봤어요. 강연장에 직접 나가보고도 싶었지만, 여행을 많이 다니는 일을 해서 그러기는 좀 어려웠습니다. 제 이름은 재럿 버지스이고 프로야구선수입니다. 당신에게 이렇게 이메일을 쓰는 이유는 제가 네 살 때부터 우주비행사가 되고 싶었기 때문이에요. 당신은 제게 영감을 주었고, 야구를 계속하라는 주위의 압력에도 불구하고 내가 하고 싶은 일을 해야겠다는 신념을 안겨주었습니다. 저는 과학자로서 새로운 것을 발견하고 중요한 일을 한 사람으로 기억되고 싶습니다. 야구선수로 제 정체성이 굳어지는 걸 원치 않아요.

계속 동영상을 올려주세요. 당신은 저 같은 사람에게도 영향을 미치고 있습니다. 그래요. 저는 외야에서부터 시속 160킬로미터로 공을 던질 수 있고, 60야드(약 55미터—옮긴이)를 6.2초에 주파할 수 있고, 공을 쳐서 125미터를 넘길 수 있습니다. 하지만 야구장에 있을 때도 과학에 관한 생각을 합니다. 저는 과학자로서 제가 세운 목표를 추구하고 싶습니다. 그러려면 어디서부터 어떻게 시작해야 할지 도움과 지도가 필요합니다. 저는 스물한 살이고 아주 성실합니다. 무엇보다도 놀라운 상상력을 가지고 있고요. 그리고 우주를 사랑합니다.

저를 꼭 도와주세요, 닐. 그래주시면 진심으로 감사하겠습니다.

- 재럿 버지스

재럿에게

우주와 연결되기 위해 이렇게 온 힘을 다해 호소해주셔서 감사합니다. 사실 당신의 고민은 우리 사회의 많은 이들을 괴롭히는 딜레마를 단적으로 보여줍니다. 잘하는 일을 할 것인가? 다른 사람들이 나에게 기대하는 일을 할 것인가? 아니면 내가 가장 좋아하는 일을 할 것인가?

저도 야구를 좋아합니다. (트위터에도 야구에 관한 트윗을 수십 개 올렸죠.) 그래서 시속 160킬로미터짜리 공을 던지는 팔을 가진 사람한테 우주를 공부하라고 권하기가 무척이나 어렵습니다. 하지만 저도 제가 하는 일을 사랑하고 지금 하는 일을 좋아하기 때문에 주도적으로 행동하고 더 나은 사람이 되고자 하는 동기를 스스로에게 한계 없이 부여합니다.

제 기억이 맞는다면, 마이너리그 선수들은 거의 돈을 벌지 못하는 걸로 압니다. 그러니 2군 리그에 소속되어 있는 동안에는 부를 축적하기보다는 호출을 받으리라는 기대를 품고 기술을 연마하고 계실 겁니다. 그렇다면 마이너리그 대신 야구 명문 대학에 진학할 수도 있지 않을까요. 그곳에서 야구선수로서의 경쟁력을 키우면서 동시에 천체물리학을 전공할 수도 있을 겁니다. 제 기억으로는 1980년대 초, 로저 클레멘스가 텍사스대학교 오스틴캠퍼스에서 투수로 활약하면서 국가대표로 뽑혔고, 이후 메이저리그에 들어갔던 걸로 압니다.

1980년대 전설적인 록 그룹 퀸의 리드 기타리스트로 큰 성공을 거두었던 브라이언 메이는, 이후에 천체물리학 박사학위를 따기로 마음먹었습니다. 그리고 정말로 몇 년 후에 학위를 땄고요.

장담컨대 당신에게 계속 야구를 하라고 권하는 사람들은 대부분 당신이 야구로 떼돈을 벌 것이라는 기대감에 부풀어 있을 겁니다. 그러나 그 말은 당신의 삶과 경력이 우주에 대한 만족스러운 탐구가 아닌 부에 대한 탐색으로 움직일 것임을 의미합니다. 제 경험으로 볼 때 돈이 유일한 보상이라면 사람들은 인생의 더 깊은 행복을 보는 눈을 잃을 수 있습니다.

대학에서 물리학이나 천체물리학을 전공하게 되기 전까지는(그리고 그에 수반되는 수학 강의들을 모두 듣기 전까지는) 본인이 공부와 운동 중 무엇을 더 잘하는지 확실히 모를 겁니다. 그리고 본인이 뭘 잘하는지를 아는 것은 인생에 꽤나 유용한 정보입니다. 만일 공부보다 운동을 더 잘한다면, 그런데도 여전히 우주를 사랑한다면, 다시 프로야구의 세계로 돌아가서 10년 동안 운동을 하고 겨울에 공부를 해 석사학위를 따는 겁니다. 그러고 나서 브라이언 메이처럼 떼돈을 번 다음 박사학위를 받으세요.

당신이 프로야구선수로서의 길을 잠시 보류하고 대학에 들어가 (여전히 야구를 하면서) 물리학을 전공한다면, 그 소식은 신문에 대서특필될 겁니다. 특히 문화 분야의 뉴스에 굶주린 오늘날의 과학계에서는 그런 소식을 크게 반기겠지요. 대서특필이 안 되면 제가 나서서 그렇게 되도록 돕겠습니다.

어느 쪽이든 간에 우주를 향한 당신 내면의 불꽃이 계속 타오르도록 조금이라도 도움이 되었다면 기쁘겠습니다.

최선의 길을 기원합니다.

-닐 디그래스 타이슨

내가 만일 대통령이라면

유난히 지지부진한 의회의 불화가 이어지는 가운데 《뉴욕타임스》의 〈선데이 리뷰〉 섹션에서 비정치인을 대상으로 "내가 만일 대통령이라면"으로 시작하는 글을 써달라는 요청을 해왔다. 다음은 편집을 거치지 않은 나의 답이다.

2011년 8월 21일 일요일
"내가 만일 대통령이라면"이라는 가정은 단순히 지도자 한 사람을 내몰고 그 자리에 다른 사람을 앉히면 미국 내의 모든 문제가 다 잘 풀릴 것이라는 생각을 담고 있다. 마치 지도자들이 모든 문제의 원인인 것처럼 말이다.

그리고 바로 그런 생각들 때문에 정치인들을 무자비하게 공격하는 전통이 탄생했을 것이다. 정치인들이 너무 보수적이라서? 너무 진보적이라서? 너무 종교적이라서? 무신론자라서? 동성애자라서? 반동성애자라서? 너무 부자라서? 너무 멍청해서? 너무 똑똑해서? 너무 윤리적이라서? 바람둥이라서? 2년마다 의원의 88%를 선출하는 존재가 바로 우리라는 사실을 감안하면 이런 공격은 희한한 행동이다.

오늘날 만연한 또 하나의 전통은, 문화적으로 다원적인 뿌리를 가지고 있는 나라 안에서 일어나는 모든 문제에 다른 사람들이 모두 정확히 나와 같은 관점을 갖길 바라는 것이다.

과학에 눈을 뜬 사람에게는 세상이 다르게 보인다. 그들은 자기가 보고 듣는 것들에 특별한 방식으로 질문을 던진다. 이런 방식으로 정신이 강화된 이들에게는 객관적인 현실, 즉 신념 체계와는 상관없이 그 너머에 존재하는 세상의 진실이 더 중요하다.

그리고 그 객관적인 현실은 우리 정부가 일을 하지 않는다는 것이고, 이는 정치가들이 제 기능을 못해서가 아니라 우리가 제 기능을 못하는 유권자이기 때문이다. 과학자 겸 교육자로서 나의 목표는 제 기능을 못하는 유권자들을 이끄는 대통령이 되는 것이 아니라, 유권자들을 깨우쳐 애초에 그들이 제대로 된 지도자를 선택할 수 있도록 하는 것이다.

– 뉴욕에서, 닐 디그래스 타이슨

2 특별한 주장들

Extraordinary Claims

UFO, 미확인 생명체 연구, 점성술, 초감각적 지각에 대해
궁금하신가? 그 모든 것이 이 장에 들어 있다.
"특별한 주장은 특별한 증거를 요구한다"는 칼 세이건의 말은
자연의 근본적인 질서를 탐구하는 이들에게는 여전히 강력한
지침으로 남아 있다. 그러나 이는 반복되는 위험을 야기한다.
스스로 옳다고 생각하는 주제에 대해서는 충분히 잘 알지만,
스스로 틀렸음을 깨닫게 하는 주제에 대해서는
충분히 알 수가 없기 때문이다.

이티 집에 전화해

2009년 3월 8일 토요일

닐, 만일 저 밖에 '이티E. T.'가 있다면 왜 달과 화성에 누군가를 보내서 그들이 누구인지, 왜 지구에는 안 오는 것인지 답을 듣지 않는 겁니까?

– 멜

멜에게

누군가 외계인 사체를 공공 연구소에 끌어다 놓거나 이티가 백악관 앞마당 잔디밭 또는 《뉴욕타임스》 건물 옥상에 착륙하기 전까지는, 그 누구도 그들과 인사를 하자고 화성까지 가는 데 드는 수조 달러의 비용을 승인할 수 없을 겁니다. 주장에 비해 증거가 터무니없이 빈약하기 때문입니다.

– 닐

이질적인 외계인

2009년 11월 8일 일요일

닐에게

나는 훌륭한 과학자들이 외계인의 존재를 '증명'해주기를 끈기 있게 기다려왔습니다. 그리고 느리기는 해도 외계인이 오고 있다고 믿어요. 좀 엉뚱한 생각일지도 모르지만, 항상 우리 생각을 반영하는 것만 찾아다닐 게 아니라 그렇지 않은 것을 찾아보는 건 어떨까요?

– 멜로디 랜더

멜로디에게

생명이 생존할 수 있는 방법은 우리가 아는 한 가지 외에도 무수히 많이 있습니다. (우리로서는 선택할 방법이 전혀 없지만요.) 그러므로 제한된 예산 안에서 실험을 설계할 때는 항상 우리가 알고 있는 것에서부터 시작해야 합니다.

그리고 우리는 탄소 기반의 분자에서 생명 현상이 가능하다는 것을 알고 있습니다(우리 자신이 바로 그 증거죠). 탄소는 우주 안에 대단히 풍부하며 주기율표상에서도 화학적으로 가장 생산성이 좋은 원소라는 것도 알고 있습니다. 그러니 여기에서부터 시작해야겠죠.

– 닐

UFO 목격

트렌튼 조던은 나의 이력을 칭찬하면서 UFO에 관한 회의감이 점점 희미해지고 있다고 말했다. 원인은? 우주왕복선 미션에서 촬영된 동영상이 새로 공개되었는데, 설명할 수 없는 물체가 창밖에 떠다니고 있었다는 것이다. 물론 우주 쓰레기라든가 그 밖의 다른 현상으로 설명이 가능하다는 것을 잘 알고 있었지만, 그럼에도 NASA가 일반인들에게 외계인에 관한 정보를 숨기고 있다는 확신이 들었다고 한다. 그는 자신의 의심을 누그러뜨릴 만한 근거를 찾다가 2008년 7월, 나에게 편지를 보내왔다. 나는 다음과 같이 답했다.

조던 씨께

제 필생의 과업에 대한 따듯하고 친절한 말씀 감사합니다. 외계인의 방문에 대한 의심이 점점 확신으로 바뀌어가는 문제에 대해서는 이렇게 얘기해보죠.

하늘이나 우주 공간을 가로질러 물체 또는 빛을 보았는데 그게 뭔지 모른다면, 그것이 바로 UFO Unknown Flying Object입니다. 이때 'U'는 '미확인'의 의미임을 강조하겠습니다. 이와 같은 목격은 대체로 4개의 범주로 분류할 수 있습니다.

1. 관찰자가 미쳤거나 환각 상태이다.
2. 관찰자는 뭔가를 보고 이를 보고했지만 보고의 내용이 부정확해 혼란을 일으킨다. 이는 단순한 자연 현상이었을 가능성이 크다.
3. 관찰자는 뭔가를 보고 정확히 보고했지만 관찰자가 자연 현상에 대해 잘 몰라서 자신이 본 것이 무엇인지 혼란스러워한다.

4. 관찰자는 뭔가를 보고 정확하게 진술했다. 이는 일반적으로 알려진 내용으로는 설명이 불가능하다. 즉 진정한 미스터리라 할 수 있다.

개인의 주장을 뒷받침하는 증거의 형태 가운데 육안 목격 진술이 단연코 가장 약하다는 사실을 짚고 넘어갑시다. 법을 다투는 법정에서는 목격 진술이 높은 가치를 갖지만 과학의 법정에서는 근본적으로 쓸모가 없습니다. 심리학자들은 데이터 수집 장치로서 인간의 감각이 얼마나 비효과적인지 오래전부터 잘 알고 있었습니다. 이때 관찰자의 수준은 상관없습니다. 관찰자가 인간인 한 관찰에는 필연적으로 오류가 포함될 수밖에 없습니다. 또 "은폐"나 "음모"라는 말은 자신의 주장을 지지해줄 증거가 부족하다는 현실에 직면한 사람들이 주로 내세우는 주장이라는 점도 눈여겨보아야 합니다.

인간의 마음이 가진 단점 중 잘 알려진 다른 하나는 심리학자와 철학자들이 말하는 "무지에 의한 논증"입니다. 당신이 편지에서 설명한 NASA의 사례는 일단 기이한 현상이 기록된 동영상이 있기 때문에 앞서 말한 4번 범주에 가장 가까운 것으로 분류할 수 있겠습니다. 이 동영상 자체는 일반적으로 신뢰할 수 있다고 간주되는 것으로, UFO의 'U'가 무엇의 약자인지를 다시 한번 일깨워줍니다.

자신이 보고 있는 것이 무엇인지 알지 못한다고 고백하는 순간, 아무리 이성적으로 논리를 전개하더라도 그것을 안다고 주장할 방법이 없습니다. 그리고 그런 주장들 가운데에는 하늘을 나는 확인되지 않은 물체가 우리보다 기술적으로 앞서 있고, 고도의 지성을 가진 '외계인'의 것이며, 머나먼 행성에서 비밀리에 날아와 지구인을 관찰하고 있다는 주장도 있습니다. 이런 논리적 비약을 뒷받침할 근거는 충분하지 않지만, 그럼에도 그렇게 믿고 싶은 유혹을 느끼는 것이죠.

빅뱅에 대해서도 이와 비슷한 무지에 의한 논증이 있습니다. 사람들이 빅뱅 이전에는 무엇이 있었느냐고 질문을 하면 나는 "아직은 모른다"고 대답합니다. 그러면 사람들은 종종 이 말을 "틀림없이 뭔가 있었을 것이다. 그것은 분명 신이다"라고 해석합니다. "아직 모른다"에서 "그것은 분명 신이다"로의 도약은 무지에 의한 논증입니다. 이런 방식의 비약은 합리적인 탐구 안에서는 자리를 잡을 곳이 없습니다만, 자신이 뭘 믿고 싶은지를 아는 사람들의 생각과 표현 안에는 여전히 스며들어 있습니다.

그래서 만일 하늘을 나는 미지의 존재가 실제로 지능을 가진 외계 생명체라고 판명된다면, 그것은 지금까지 한 번도 관찰된 적이 없었던 것이겠지요. 당신이 원하는 결론을 이끌어내기 위해서는 과학의 법정에서 살아남을 훨씬 더 확실한 증거가 필요합니다. 예를 들면 외계인이 방송사 여러 곳을 방문해 그들의 기술을 방송으로 보여준다거나, 대통령과 영부인을 만나 국가 정상 만찬에 참석한 후 로즈가든에서 티타임을 갖는다거나, 그들의 생리를 연구할 수 있도록 존스홉킨스병원에 함께 가서 CT 촬영을 한다거나, 그들의 통신 도구나 장비를 지구의 우수한 연구소에 제출한다거나 하는 것이겠죠. 진짜 증거만 얻을 수 있다면 굳이 중요한 목격자들이 잔뜩 참석하는 의회 청문회를 열 필요도 없을 겁니다.

이런 일이 일어나지 않는 한 4번 범주에 해당하는 UFO는 흥미롭긴 하지만 확인되지는 않은, 하늘에 뜬 빛 또는 형체에 불과합니다. (아마 과학의 다른 미스터리들과 마찬가지로 연구할 가치는 있을지도 모르겠습니다.) 그러나 스스로 이미 진실이라고 확신하며 데이터의 공백을 메우기 위해 은폐를 들먹이는 음모론자들이 낄 자리는 없습니다.

우주선 창문 밖으로 보이는 이런 알 수 없는 물체를 연구하기 위해 NASA가 연구비를 모금해야 할까요? 그보다는 오히려 우주선에 접근하는 특정 크기의 물체를 꾸준히 모니터하고 촬영하는 레이더 장비를 마련하는 편이 더 효율적일 겁니다. 사실 우주선의 창밖에서는 굉장히 많은 일이 벌어집니다. 인간이 놓친 장비, 벗겨진 페인트 조각, 미립자 형태로 배기된 연료 방울 등이 항상 떠다니죠. 빛의 방향이나 세기의 변화도 빠르게 일어나고요.

간단히 말해서 UFO가 지구를 방문한 외계인들일 가능성을 조사하는 데 국민의 세금을 쓰고 싶다면, 발생하는 비용을 정당화할 훨씬 정확한 증거를 제시할 수 있어야 할 겁니다.

관심 가져주셔서 감사합니다.

-닐 디그래스 타이슨

하늘의 반짝이는 패턴

2005년 3월, 뉴저지에서 10대 시절을 보낸 데이브 할리데이에게서 한 통의 편지를 받았다. 그는 10대 시절이던 1970년대 중반의 어느 날 밤 북쪽 하늘에서 주황색 섬광을 목격했고, 어느 행성이 유성 소나기를 맞았나보다 하고 추측했다. 이 신비로운 광경을 30여 년간 품고 있던 그는, 자신이 본 것이 무엇인지 나에게서 힌트라도 얻을 수 있지 않을까 싶은 생각이 들었다고 한다.

할리데이 씨께

1970년대에 목격하신 주황색 섬광에 대해 질문을 하셨는데요. 사실 육안으로 목격한 내용의 진술만큼 변덕스럽고 믿을 수 없는 것도 없습니다. 관찰자가 아무리 믿을 만한 사람이더라도 말이죠. 이런 이유로 과학에서는 육안 목격 진술이 가장 신빙성 낮은 증거로 여겨집니다. 일반 법정과는 다르다는 점이 흥미롭죠.

얼마 전 저는 최근에 은퇴한 엔지니어에게 이메일을 한 통 받았습니다. 그는 전날 밤 8시 15분에 브루클린 하늘을 가로지르는 밝은 유성의 궤적들을 보았다면서, 제게 그런 현상과 관련된 보고를 들은 적이 있는지 물었습니다. 언뜻 듣기엔 아주 정확한 이야기 같죠. 그러나 인근 5개 시의 보고에 따르면 그와 유사한 현상은 오후 7시에서 7시 30분 사이에 일어났다고 합니다. 그러니까 그날 밤 눈부신 유성 두 개가 한 시간 간격으로 하늘을 가로지른 게 아니라면, 누군가는 시간을 틀리게 기억한 겁니다. 이 사실을 알려주자 그는 아내가 자신의 기억을 바로잡아주었다며, 사실은 8시 15분이 아니라 7시 15분이었다고 알려왔습니다. 이러한 기억의 오류가 관찰 후 겨우 24시간 내에 일어났다는 점을 눈여겨보십시오. 10년도 30년도 100년도 아닙니다. 아마 당신은 시간을 읽는 일처럼 매일 하는 일에 오류가 생길 확률은 극히 드물다고 생각하시겠죠.

이 이야기를 염두에 두면서, 제가 아는 바로는 당신이 말씀하신 것과 같은 광경을 만들어내는 우주 현상은 없습니다. 한 가지 생각해볼 경우가 있는데, 먼저 이런 질문으로 시작해야 할 것 같습니다. 혹시 속눈썹이 긴 편인가요? 속눈썹이 젖은 상태에서 작은 불빛을 보면, 빛은 속눈썹에 맺힌 물방울을 통과해 홍채에 도달하게 되고, 그러면 돌아가는 수레바퀴의 바큇살과 비슷한 패턴을 만듭니다. 한번 시도해보세요. 야외 수영장에서 막 나올 때 해보시면 제일 효과가 좋습니다.

또 다른 가능성은 소형 비행선 바닥에서 발생한 빛의 궤적입니다. 어두울 때는 비행선 자체가 거의 보이지 않는 대신 밑바닥의 불빛은 잘 보였을 겁니다. 일반적으로 광고에 많이 쓰이는 비행선 바닥 조명은 프로그래밍한 내용에 따라 흥미로운 패턴을 만들어낼 수 있죠. 연한 오렌지색은 당시 광고에 많이 쓰이던 색깔이었습니다.

육안 목격이 진술 내용의 전부라면, 저로서는 이 경우 외에 당신이 본 것을 확인해줄 만한 설명이 없습니다.

당신의 이야기를 들려주셔서 감사합니다.

-닐 디그래스 타이슨

세상의 종말

2009년 7월, 당시 열다섯 살이었던 케일 조이스는 여러 인터넷과 대중매체를 인용하며 그토록 많은 사람들이 2012년에 세상이 끝난다고 믿는 것을 깊이 우려하고 있었다. 그녀는 종말론 같은 것은 하나도 믿지 않지만, 노스트라다무스•의 예언 그리고 마야 달력의 종말과 관련된 미스터리에 대해 나의 견해를 물어왔다.

안녕하세요, 케일

'2012년 종말'과 관련된 이야기들은 우리 안에 깊숙이 도사리고 있는 비이성적이고 원초적인 두려움에 휘둘린 과학 문맹들이 퍼뜨린 거짓말이랍니다.

세상은 2012년에 끝나지 않아요. 제가 권위자로서 그렇게 말하기 때문이 아니라, 분별력이 있고 과학을 이해하는 사람이라면 누구나 증거가 턱없이 부족하다는 사실을 인지하고 스스로 생각을 결정할 수 있기 때문입니다.

• 미셸 드 노스트라다무스(1503~1566)는 프랑스의 외과의사로, 예언 능력을 가지고 있다고 널리 알려져 있었다. 그가 쓴 책 《예언서*Les Prophéties*》(1555)에는 예언을 담은 942개의 시구가 실려 있다. John Hogue, ed. 1997, *Nostradamus: The Complete Prophesies*(London: Element Books, 1997).

그런 사람들이 있는 한 세상은 끝나지 않습니다.

은하의 중심과 태양 그리고 지구는 매년 12월 21일에 일렬로 늘어섭니다. 마야인들은 물리 법칙에 대해서는 아무것도 몰랐습니다. 심지어 노스트라다무스는 마야인들보다도 더 몰랐습니다. 그뿐만 아니라 사실 노스트라다무스는 2012년을 콕 집어 언급한 바가 없습니다.

케일은 아직 열다섯 살이지요. 그러나 어떤 사람들은 10년에 한 번씩 세상이 곧 끝날 거라고 예언하고 있습니다. 그런 일은 1973년(혜성)에, 1982년(행성의 일렬 맞춤)에, 1991년(태양 폭풍)에, 2000년(밀레니엄 광풍)에 그리고 이번 2012년에도 일어나고 있지요.

오래 살고 싶은가요? 그럼 다른 일을 걱정하세요. 이를테면 내가 건강한 음식을 먹고 있나, 운동은 충분히 하고 있나, 안전벨트는 잘 맸나 같은 문제들을요.

– 닐 디그래스 타이슨

다 끝났다!

2009년 9월 6일 일요일

타이슨 박사님께

로스앤젤레스 도서관에서 태양이 은하의 중심과 일렬로 늘어선 현상을 설명하는 박사님의 동영상을 봤습니다. (이 일은 해마다 일어난다고 하죠. 그걸 생각하면 기분이 더 좋아집니다.) 하지만 왜 마야인의 달력이 하필 중국의 고대 문헌이나 노스트라다무스의 책에서 지정한 날과 같은 날 끝나는지 설명해주실 수 있을까요? 혹시 여기에 어떤 타당성이 있다고 생각하시나요? 사람들 말로는 마야인의 달력이 오늘날 우리가 쓰는 달력보다 훨씬 더 정확하다고 하던데요.

– 아이리스 헤일과 아들 마이클 헤일

아이리스와 마이클에게

마야 학자들이 "장주기 달력long count"이라고 부르는 것이 있습니다. 이 달력은 BC 3113년 8월 11일에 시작되는데, 마야인들의 계산에 따르면 이 날이 우주가 시작된 날이라고 합니다. 그리고 그들은 이 장주기 달력이 끝나는 날 우주의 끝이 올 것이라 생각했습니다.

우주의 시작에 대해 마야인들의 계산은 적어도 130억 년 정도는 빗나갔습니다. 그러니 그들이 계산한 끝이 정확할 거라고 믿을 이유가 전혀 없는 셈이지요.

마야인들 중 2012년을 구체적으로 언급한 사람은 아

무도 없습니다. 그리고 노스트라다무스가 내놓은 '운명의 날'의 혜성 예언은 2000년에 적용됩니다. 물론 그런 종말 예언들 가운데 실현된 것은 하나도 없습니다. 그뿐만 아니라 노스트라다무스의 글은 시적으로 애매한 내용이기 때문에, 어떤 사건이 일어난 후에 책을 뒤져보면 얼추 비슷하게 일치하는 내용의 글을 찾을 수 있습니다.

사람들은 그런 글을 내세우면서 노스트라다무스가 미래를 보는 특별한 능력이 있다고 주장하는 것입니다.

반면에 노스트라다무스의 애매한 4행시를 가지고 무슨 일이 일어나기 전에 사건을 정확하게 예언해보려고 하면 지독하게, 지속적으로 실패를 거듭하게 됩니다. 이것은 세계의 작용을 통찰하는 근원으로서 노스트라다무스의 작품들이 전혀 쓸모가 없다는 얘기입니다.

마지막으로 현재 전 세계에서 사용하는 그레고리안력은 4만 4,000년 중 단 하루의 오차를 보일 정도로 정확하고, 다른 어떤 달력도 여기에 근접하지 못합니다. 현재로서는 꽤 쓸만한 편이죠.

– 닐 디그래스 타이슨

훼손된 화성의 얼굴

2007년 1월 5일 금요일

타이슨 박사님

저는 박사님의 열렬한 팬입니다. 박사님은 저에게는 록스타 같은 분이세요. 그래서 화성의 그래비틱스나 사이도니아에 관한 박사님의 견해를 듣고 싶습니다. 할 수만 있다면 언젠가 사이도니아에 꼭 가보고 싶어요!

그리고 제가 린다 굿맨의 책도 읽었는데 그 책 제목이 《태양궁 점성술Sun Signs》•이었습니다. 물론 박사님이 설명하는 과학의 측면도 다 이해하지만, 그래도 이분은 뭔가 있는 것 같습니다. 사실 점성술사들은 대부분 다 가짜죠. 하지만 우리는 이집트인들이 얼마나 위대한지 알고 있지 않습니까. 그런 그들이 점성술을 연구했다고요!

고맙습니다, 타이슨 박사님.

– 스티비 데브

• Linda Goodman, *Sun Signs*(New York: Bantam Books, 1985). 한국어판 《당신의 별자리》, (북극곰, 2012).

그래비틱스: 아무리 좋게 봐줘도 물리학에 관한 배경 지식은 빈약한 편인 추종자들에게 새로운 자연의 힘을 발견했다고 믿게끔 하는 환상.

사이도니아: "화성의 얼굴"이 있는 곳. 한때 화성에 지적인 문명이 번성했다고 너무나 간절히 믿는 바람에 그에 부합하지 않는 증거는 못 보거나 아예 부인해버리는 추종자들이 가진 열정의 산물.

고대 문명에 관해 말씀해주셨군요. 그런데 동경하고 모방하고픈 행동 양식을 찾아 5,000년을 거슬러 올라갈 정도라면 그와 함께 다른 인습도 고려해보시면 어떨까요. 이를테면 고양이 숭배, 파라오의 신성神性, 무겁고 값비싼 삼각형 돌무덤을 향한 집착 같은 것들 말입니다. 그렇게 따지자면 아즈텍족 시대까지 포함시켜야겠죠? 신에게 간청하기 위해 살아 있는 처녀의 심장을 꺼냈던 바로 그 시절 말입니다. 혹은 더 강해지기 위해 자신이 죽인 적의 살코기를 먹던 시절도 있었죠. 그렇게 해서 40세가 되기 전에 질병과 악성 전염병으로 사망하시면 완벽하게 마무리될 것 같습니다.

다른 수많은 속성들과 마찬가지로, 점성술은 문명의 성

취물이 아니라 문화적 결함이었을 뿐입니다.

- 현실을 고수하며, 닐 디그래스 타이슨

염력이동

2004년 11월 6일 토요일

닐, 이 뉴스 헤드라인 정말이지 바보 같지 않소!!!

"공군, 염력이동 연구 위해 750만 달러 요청"

- 제임스 맥가하, 그래스랜즈 천문대 관장•

안녕하세요, 제임스

750만 달러라면 군의 연간 예산 4,000억 달러•• 가운데

• 그는 나의 지인으로 미 공군을 퇴역한 군인이자 MS, FRAS(이학석사, 왕립 천문학회 회원)인 회의론자다. 그는 UFO가 우리를 방문한 외계인이라는 주장을 오랫동안 반박해왔다. 이 편지에서 나는 그의 회의론을 조금 억제시킨다……. 아주 약간만.

•• 2004년 미국 국방 예산은 4,000억 달러였다. 그 후로 예산은 계속 늘어 6,000억 달러까지 도달했다. 이는 국방 예산으로는 세계에서 가장 많은 액수이며 2위 국가인 중국의 3배에 달하고 10위권 국가들의 국방 예산을 다 합친 것보다도 많다.

극히 미미한 액수겠군요. 그렇다면 아마 우리는 군 예산 가운데 비주류 연구에 필요한 예산이 얼마나 되는지를 물어야 할 겁니다. 최근에 나는 교통 분야에서 무엇이 가능하고 가능하지 않은지를 잘 몰랐던 것 같은 사람들의 잘못된 인용구들을 몇 페이지 정도 수집했는데요, 여기에 그 예가 있습니다.

"사람이 공기 중으로 떠오르거나 하늘을 나는 것은 절대 불가능하다. 하늘을 날려면 어마어마한 크기의 날개가 필요하고 그 날개는 초당 3피트(0.9미터)의 속도로 움직여야 한다. 이런 것이 현실에서 가능하리라고 기대하는 사람은 바보들뿐이다."
— 조제프 드 랄랑드, 프랑스 아카데미의 수학자, 1782년

"마차보다 두 배 빠른 운송기관의 가능성을 따지는 것보다 더 터무니없는 것이 무엇이 있겠는가?"
—《쿼터리 리뷰》, 1825년

"폭풍우 몰아치는 북대서양을 증기선으로 항해하려는 시도보다는 차라리 달로 가는 여행을 계획하는 게 더 나을지도 모르겠다."
— 디오니시우스 라드너, 천문학자, 1838년

"사람은 앞으로 50년간은 하늘을 날 수 없을 것입니다."

— 윌버 라이트가 형 오빌 라이트에게, 1901년

"달에 도달하겠다는 공상이 이루어질 희망은 없다. 왜냐하면 지구의 중력이라는 극복할 수 없는 장벽이 있기 때문이다."

— F. R. 몰튼, 시카고대학교 천체물리학 교수, 1932년

물론 이런 인용문들은 결국 우리 기술의 한계를 인식한 것이지 물리 법칙 자체를 따진 것은 아닙니다. 그러나 일반인, 예를 들면 '군 예산을 승인하는' 이들은 그 차이를 알지 못합니다. 물리학자가 미 상원 군사위원회에 나가 "염력이동에 동전 한 닢도 쓰지 마십시오. 그런 일은 절대 불가능합니다"라고 주장하면서, 그와 동시에 "하지만, 양자 전송은 실제로 가능한 일입니다"라고 고백하는 모습은 사람들에게 어떻게 보일까요.

냉전시대와는 대조적으로 오늘날의 공군은 절약 정신이 투철합니다. 예를 들면 그들은 위성의 주요 발사 플랫폼으로서 우주왕복선을 포기했습니다. 그러면서 무인 로켓과 비교할 때 비용이 터무니없다는 점을 근거로 들었죠. 그들의 요구에 맞게 우주왕복선의 기존 설계를 수정하겠다는 제안도 소용없었습니다. 이러한 근검절약 정신은 결국 그들이 투자한 연구에서 어떤 현상 또는 기전이

원하는 대로 작동하지 않으면 다시는 그 연구에 투자하지 않으리라는 것을 의미합니다.

그래서 나는 이 문제에 대해서는 간단하게 결론을 내릴 수가 없습니다. 다만 불가능을 이유로 750만 달러가 한순간에 0달러가 된다면, 사회적으로나 정치적으로 대가를 치러야 한다는 것만큼은 알고 있습니다.

– 닐

평행우주

1990년대, 코린은 극장의 무대 뒤에서 일하다가 설명할 수 없는 현상을 경험했다. 그녀는 같은 옷을 입고 같은 방향으로 걷고 있는 자신의 남성 버전이 자신을 마주보는 것을 발견했다. 그 남자도 코린처럼 홀린 것 같은 눈빛으로 그녀를 바라보고 있었다. 2008년 11월에 코린은 나에게 자신이 정신의학적으로 안정적인 상태임을 강조하면서, 혹시 우연히 평행우주로 가는 관문을 목격했던 것은 아닌지 궁금하다고 문의해왔다.

코린에게

이야기를 들려주셔서 감사합니다.

당신의 정신의학적 상태에 대해서는 크게 염려하지 않습니다. 어떤 유명한 과학자들은 사람들이 입을 모아 "미쳤다"고 할 만한 상태였는걸요. 중요한 건 실험이지 목격진술이 아니니까요.

그동안 우리는 과학적 방법과 도구를 통해 일부 철학자들의 주장과는 달리 현실이 우리의 인지와는 무관하게 존재한다는 것을 알게 되었습니다. 예를 들면 누가 어떤 도구를 사용해 실험하고 측정하는지와는 상관없이, 또 당신이 믿거나 말거나 상관없이, 중력법칙은 매 순간 존재하며 작용합니다.

근본적으로 실체에 대한 대부분의 주장은 물리적이기보다는 심리적인 경우가 압도적으로 많습니다. (물론 거짓말, 속임수, 자연 현상에 대한 단순한 무지는 무시하고요.) 여기에는 유령, 귀신, 혼령 등이 포함되죠. 이런 주장들은 실험실에서 진행하는 면밀한 연구에서는 살아남지 못합니다. 유령이나 귀신 같은 것들은 통제된 환경에서는 사라지고 맙니다.

그러므로 만일 당신이 환각이 아닌 진짜 평행우주를 본 것이라면 당신이 본 것은 당신과는 무관하게 존재하고 주위 사람들도 이를 관측할 수 있어야 합니다. 그러나 당신에게는 이를 입증할 만한 데이터가 충분히 없는 것이죠.

다음에 또 이런 일이 생기면 그때는 다음과 같은 간단한 실험을 꼭 수행해보세요.

* 그것과 대화를 나눌 수 있습니까?
* 그것이 거울에 비칩니까?
* 그것이 지문을 남깁니까?
* 다른 사람들도 그것을 보거나 그것과 상호작용을 할 수 있습니까?
* 냄새가 있습니까?
* 소리가 있습니까? 등등.

당신의 경험이 실제이고 상상이 아니라면 이런 실험들이 당신 머릿속 바깥에 존재하는 실체를 확인하는 데 도움이 될 것입니다.

아무튼 다음에는 꼭 카메라를 가지고 다니세요. 그물도 좋고요.

– 닐 디그래스 타이슨 올림

화성의 위성들

2005년 6월, 캐나다에 사는 톰은 18세기 영국의 풍자 작가인 조너선 스위프트가 《걸리버 여행기》를 쓸 무렵 화성에 위성이 두 개 있다는 것을 어떻게 알 수 있었는지 물었다. 화성의 위성은 그로부터 160년 후에야 발견되었는데, 스위프트는 화성 주위를 도는 위성의 궤도까지 상세히 묘사했던 것이다. 혹시 그는 오늘날 우리가 잘 모르거나 무시하는 고대의 지식을 알고 있었던 것은 아닐까?

안녕하세요, 톰
질문해주셔서 감사합니다. 조너선 스위프트가 살던 시절에는 금성은 위성이 없고, 지구는 달이 하나, 목성에는 네 개의 위성이 있다는 사실이 알려져 있었습니다.

만일 스위프트가 태양에 가까운 순서대로 행성의 위성 개수 수열을 추측했다면, 0이나 1 또는 4는 선택하지 않았을 겁니다. 이 위성 개수는 이미 나와 있었으니까요. 그러면 지구와 목성 사이에 있는 화성이 가지고 있을 만한, 아직 발견되지 않은 위성의 개수는 2개 아니면 3개가 적당했을 겁니다. 이 선택에서 스위프트는 2개를 고른 것이고,

제 생각엔 이런 경우 아마 대부분의 사람들이 다 2개를 선택했을 겁니다.

당시에는 케플러[•]의 행성운동법칙이 잘 알려져 있었습니다. 그리고 이 법칙은 태양 주위를 도는 태양의 위성들뿐만 아니라 목성 주위 궤도를 도는 목성의 위성에도 적용되었습니다. 따라서 스위프트는 화성의 가상의 두 위성에 이 법칙들을 적용한 것입니다. 그러나 그 두 위성의 궤도 반지름은 추정해야 했고, 스위프트는 간단한 계산을 통해 위성들의 공전주기를 얻었습니다. 그의 계산을 확인해본다면 스위프트가 숙제를 정확하게 해냈음을 확인할 수 있을 겁니다.

그러나 많은 사람들이 간과하는 부분이 있는데, 애초에 그가 추정한 궤도 반지름이 정확했는가 하는 것입니다. 그렇지 않았습니다. 사실 그가 추정한 반지름은 완전히 틀린 값이었습니다. 이는 사람들이 의심하는 것처럼 그가 실제 화성의 위성을 예언할 만한 단서를 전혀 알지 못했음을 보여줍니다.

참고로 화성의 위성 중 안쪽에 있는 포보스는 화성으로부터 5,800마일(9,334킬로미터) 떨어져 있습니다. 스위프트는 12,300마일(19,800킬로미터, 화성 지름의 3배로 추정)이

• 요하네스 케플러(1571~1630), 독일의 천문학자 겸 수학자.

라고 했었죠. 바깥쪽 위성인 데이모스 역시 그의 가정과는 달리 화성으로부터 20,500마일(33,000킬로미터, 화성 지름의 5배로 추정)이 아닌 14,600마일(23,500킬로미터) 떨어져 있습니다.

– 닐 디그래스 타이슨 올림

영구운동기관

2008년 12월, 션은 영구운동기관에 대한 아이디어를 내게 보여주고 싶다고 했다. 그는 열역학법칙들이 물리학자들의 주장처럼 신성불가침은 아니라고 확신했고, 정유회사들이 그의 아이디어를 알게 되면 온갖 수단을 동원해 은폐할 거라 믿고 있었다. 그래서 션은 세상을 바꿀 자신의 발명이 하루 빨리 빛을 볼 수 있도록 내게 도움을 요청해왔다.

션에게

미국 특허상표국에서는 영구운동기관에 대하여 실제로 시연이 가능한 모형이 없는 경우 더 이상 제안서를 받지 않습니다. 왜일까요? 영구운동기관은 오랫동안 정립되고 검증된 물리 법칙들을 위반하기 때문입니다.

그러므로 영구기관에 대한 아이디어를 갖고 있다고 해도, 정규 과학 교육을 받은 사람이 여기에 관심을 가질 것이라 기대하기는 어렵습니다.

그렇다면 당신이 할 일은 한 가지뿐입니다. 실제 영구기관을 제작하고 시연하는 것입니다. 만일 그 기계가 당신 말대로 작동한다면, 당신의 집 문 앞에 사람들이 구름처럼 몰려들 것입니다.

– 닐 디그래스 타이슨 올림

이에 대한 답장에서 션은, 한때는 모든 사람들이 지구는 평평하고 원자는 쪼갤 수 없으며 직류 전류가 전기를 공급할 유일한 방법이라 믿었다고 고집스럽게 주장했다. 그리고 내 답변에 대해 내가 완고하고 닫힌 마음을 가진 사람인 것 같다고 말했다. 아무튼 그는 나의 노력에 행운을 빌어주었다.

션에게

당신이 세운 가정은 많은 이들의 생각과 마찬가지로 과학이 어떻게 작동하는지를 완전히 이해하지 못해 나온 것입니다. '현대' 실험과학의 시대는 기본적으로 갈릴레오와 프랜시스 베이컨•까지 거슬러 올라가는데(과거 400년), 이 시대에는 합의에 도달한 '검증된 과학'과 '개척과학'이 존재합니다. 이 중 '개척과학'의 내용은 매달, 어쩌면 매주 변화하며 논란을 해결할 수 있는 충분한 양의 좋은 데이터를 기다립니다. 이에 반해 관찰과 실험을 통해 합의가 도출되는 '검증된 과학'은 변하지 않습니다. 이때 새로운 아이디어가 이전에 검증된 아이디어의 범위를 확장시키는 일이 종종 일어나는데, 그렇다고 해서 이전의 아이디어가 완전히 무효화하는 것은 아닙니다.

위에 언급하신 내용 가운데 평평한 지구와 쪼개지지 않는 원자는 현대과학 이전의 생각들입니다. 그리고 원유로 불을 밝힌 등불과 직류 전류는 과학적 원리에 대한 실험이 아닙니다. 이런 것들은 과학의 기술적 응용으로 개선이 필요한 것입니다. 그러나 새로 등장한 기술들은 이미 수립된 물리 법칙을 위반하지 않았습니다. 새로운 기술은 알려진 물리 법칙 안에서 일어나는 기술 혁신이며 앞으로도 계속 그러할 것입니다.

여기에서 가장 중요한 것은, 과학의 역사를 통해 우리는 당신의 탐구가 그릇된 길로 가고 있음을 안다는 것입니다. 따라서 이를 증명하는 부담은 전적으로 당신의 어깨에 지워져 있습니다.

• 프랜시스 베이컨(1561~1626), 영국의 과학자, 철학자, 정치가.

제 말을 듣고 절대 포기하지 마세요. 앞서 말했듯이 연구를 계속하시고 그 기관을 실제로 제작하십시오. 만일 성공한다면 당신은 지금까지 알려지지 않은 물리 법칙을 세상에 보여주게 될 것입니다. 이런 일은 드물지만, 언제나 환영받는 일입니다. 그리고 당신은 부자가 되고 하룻밤 사이에 유명해질 것입니다.

저에게 "행운"을 빌어주셔서 고맙습니다만 그 운이 필요한 사람은 제가 아닙니다.

-닐 디그래스 타이슨 올림

도곤족의 예측

2007년 7월 30일 월요일

타이슨 박사님

저는 노포크의 공립학교인 레이크테일러고등학교 교사 필 대브니라고 합니다. 오늘 노스캐롤라이나 그린스보로의 물리학회에서 박사님을 봤습니다.

오늘 훌륭한 강연을 해주셔서 감사합니다. 특히 교육과 관련해서 "학생들을 만날 때에는 눈높이를 맞춰라"라는 접근법이 인상적이었습니다. 아마도 그래서 박사님의 책이 모든 연령대의 사람들에게 그렇게 인기가 있나 봅니다.

강연 때는 시간 제약 때문에 질문을 할 수가 없었는데요, 저는 망원경으로 확인되기 전 이미 시리우스별이 쌍성이라는 예측을 내놓은 도곤족에 대해 묻고 싶었습니다. 이 내용은 프랑스의 인류학자 두 명이 쓴 책 《창백한 여우》•에 잘 설명되어 있습니다. 이 예측의 진실성에 대해 말씀해주실 수 있을까요?

-필 대브니 올림

대브니 씨께

당신의 궁금증에 제가 어떤 관점을 제공해드릴 수 있어 기쁘게 생각합니다.

알다시피 시리우스별은 밤하늘에서 가장 밝은 별이고, 다른 문화권에서와 마찬가지로 서아프리카 말리에 사는 도곤족에게도 매우 중요한 별이었습니다. 이를테면 고대 이집트인들은 태양이 뜨기 직전에 시리우스별이 뜨면 (이를 '신출heliacal rising'이라고 합니다) 나일강이 계곡으로 범람해 메마른 땅에 필요한 물을 가져다줄 때가 왔다는

• M. Griaule와 G. Dieterlen, *The Pale Fox*(Baltimore, MD: Afrikan World Books, 1986).

신호로 여겼습니다. 실제로 이집트 달력은 이 시기를 새로운 해의 시작으로 정하고 있습니다.

쌍성 시리우스 중 하나를 "시리우스 B"라고 부르는데, 기술의 도움 없이 인간의 육안으로 이 별을 보는 것은 물리적으로 불가능합니다. 시리우스 B의 밝기가 인간의 망막이 감지할 수 있는 빛의 범위 밖에 있기 때문인데요, 그보다 더 중요한 것은 두 별의 상대적 밝기 차이 때문에 시리우스 B가 시리우스 A의 광채 안에 파묻혀 있다는 것입니다. 이는 마치 태양빛에 파묻힌 파리가 눈에 띄지 않는 현상과 비슷합니다. 또한 두 별이 이루는 각도는 인간의 안구 렌즈가 분리할 수 있는 해상도보다 더 작습니다. 이 같은 한계는 광학의 성질에 의해 결정되는 것이지 개인의 생물학적 특징에 의한 것이 아닙니다.

시리우스 B는 1862년에 발견되었습니다. 여기에서 주목해야 할 두 가지 사실이 있습니다. 이 별의 발견은 당시 널리 알려졌고, 유럽 전역에서 신문 1면을 장식한 뉴스였습니다. 그리고 당시에는 유럽의 선교사, 탐험가, 제국주의자들이 아프리카 전역에 굉장히 많았습니다. 당신이 언급한 프랑스 인류학자들은 시리우스 B의 발견 '이후'에 도곤족을 만났다는 사실을 주목하셔야 합니다.

이것이 이 사례의 기본적인 배경입니다. 럿거스대학교의 역사학자이자 인류학자인 이반 판 세르티마는 도곤족에 관한 책•을 쓰면서, 그들이 시리우스 B를 발견했다는 사실을 인정하기 위해 수많은 추측들을 도입했습니다. 그 중에는 아프리카 흑인 피부의 멜라닌이 태양빛을 흡수하는 능력이 있어 도곤족의 인지 능력을 강화하는 데 영향을 주었다는 내용도 포함되어 있습니다.

그러니까 둘 중 하나일 겁니다. 도곤족이 어떤 신비로운, 그리고 지금도 밝혀지지 않은 그들만의 독자적인 능력으로 시리우스 B를 예견했거나 아니면 프랑스 인류학자들이 방문하기 전에 유럽에서 온 방문자(인류학자 또는 그 외의 사람들)가 도곤족을 먼저 만났던 것이겠죠. 유럽의 방문자는 도곤족의 문화에서 시리우스별이 중요하다는 사실을 알게 되어 당시 널리 알려진 시리우스 B의 발견 소식을 도곤족과 공유했고, 만남에 대한 기록을 남기지 않았을 겁니다. 도곤족은 그들이 좋아하고 그들의 문화에서 중요한 위치를 차지하는 이 별에 관한 특별한 정보를 곧장 받아들였고요. 훗날 도곤족을 만난 프랑스 인류학자들은 그들이 시리우스 B에 대해 상세히 알고 있는 것에 놀랐을 겁니다.

그뿐만 아니라 도곤 문화의 다른 요소들과 그들이 묘사

• Ivan Van Sertima, *Blacks in Science: Ancient and Modern*(Abingdon-on-Thames, UK: Transaction Books [now Routledge], 1991).

하는 자연에 관한 이야기들을 읽어보면 어디에도 시리우스 B의 정확한 정보가 없다는 걸 알게 될 겁니다. 그들의 이야기는 다른 문화권의 창조신화처럼 낭만적이고 시적인 여운을 남깁니다.

과연 도곤족이 프랑스 인류학자들 이전에 정보를 가진 유럽인들을 만났던 것인지 아닌지는 확실히 알 수 없지만, 증거는 이를 강력하게 암시하고 있습니다. 이 밖의 다른 추정은 실제 데이터가 보여주는 것보다 더 강한 흑인 중심주의를 담고 있습니다.

질문해주셔서 감사합니다.

– 닐

빅풋

2008년 1월, 알렉스는 털북숭이 거대 유인원이 실제로 태평양 연안 북서부를 누비고 다닐 가능성이 있는지 내 견해를 물었다.

알렉스에게

세계지도가 완성되기 전, 유럽의 탐험가들은 특히 아프리카와 아시아를 여행하며 만난 새로운 동물과 식물에 대한 엄청난 이야기들을 전해왔습니다. 그들은 박물관에 전시도 하고 연구도 할 수 있도록 돌아오는 길에 새로운 동식물을 최대한 많이 수집해 가져왔습니다. 당시에는 새로운 거대 동물들이 자주 확인되었습니다. 이것이 학문으로서 '박물학'의 출발이었습니다.•

지구상의 광활한 땅덩어리들이 모두 지도로 그려지고 안정화한 후에는 새롭고 이국적인 생물이 발견되는 사례가 급격히 줄어듭니다. 이는 거대한 (육지) 동물들이 대부분 알려지고 문서화되었음을 강력하게 시사합니다. 오늘날 해마다 새롭게 발견되는 종들은 아주 작거나 이미 기록된 종의 작은 변종(아종)들이 대부분입니다. 간혹 거대한 바다생물이 발견되는 경우가 있지만 이는 우리가 바다 속에 살면서 끈질기게 해저를 탐색하지 않기 때문입니다. 그러므로 현대에 거대한 (육지) 동물이 아직도 발견되지 못한 채 살고 있을 가능성은 거의 없습니다.

–닐 디그래스 타이슨

• 물론 관심사로서의 박물학은 이보다 더 거슬러 올라간다. 로마의 작가이자 해군 지휘관이었던 대 플리니우스는 AD 79년경, 당시까지 알려져 있던 자연에 관한 모든 고대 지식을 모아 《박물학》이라는 책으로 엮었다. 그리고 레오나르도 다빈치(1452~1519)도 자연을 열렬히 관찰하던 사람이었다.

알렉스는 답장으로 나의 폐쇄적인 견해에 강한 회의를 드러내면서, 태평양 연안 북서부에는 아직 관측되지 않은 숲이 300만 에이커나 있음을 지적했다. 더 나아가 그는 털북숭이 거대 유인원을 실제로 목격한 여러 사례를 난센스로 치부할 수는 없다고 했다. 그러니까 아무튼 거기에 확실히 뭔가 있다는 것이다.

> 친애하는 알렉스
> 나는 거대 동물들을 발견하고 문서로 기록하는 사례에 대해 언급했었습니다. 뚜렷한 증거(이를테면 실험실에 보낼 사체나 털 같은 것들)가 없는 육안 목격만으로는 발견이라고 할 수 없습니다. 심리학자와 과학자 사이에서 육안 목격 진술은 실체에 대한 가장 빈약한 증거로 알려져 있습니다. 따라서 목격 진술은 무시되며, 연구자들은 그 특별한 주장을 뒷받침할 뚜렷한 증거가 나타나기를 끈기 있게 기다립니다.
>
> 그런 목격들이 어쩌면 모두 사실일 수도 있습니다. 하지만 실체가 없는 한, 또는 인간의 의식 이외의 다른 확고한 증거가 있지 않는 한, 그런 주장은 연구자들에게는 쓸모가 없습니다. 참고로 "쓸모가 없다"는 것이 "틀렸다"는 의미는 아닙니다. 누군가 DNA를 추출할 수 있는 생물학적 조직을 보여줄 때까지(빅풋의 대변도 좋은 출발점일 수 있습니다), 생물학자가 그 주장에 대하여 할 수 있는 게 별로

없다는 뜻이죠.

만일 아직 발견되지 않은, 키가 2.4미터쯤 되는 선사시대의 유인원이 태평양 북서쪽 연안을 뛰어다니고 있다는 확신이 든다면 직접 탐험을 나가 찾아보셔야 합니다. 죽일 필요까지는 없고요. 그냥 한 마리만 잡아 오세요.

그렇게 쓸모 있는 증거를 찾는 데 노력을 쏟는 것이 당신이 진실이라 믿는 것을 다른 사람들도 믿도록 설득하는 노력보다 훨씬 더 값질 것입니다.

–닐

육감

2007년 2월 6일 화요일

친애하는 타이슨 박사님께

박사님의 책 《블랙홀 옆에서》•를 읽고 있습니다. 먼저 박사님의 문체가 말투와 거의 같다는 말씀을 드리고 싶어요. 박사님의 글

• Neil deGrasse Tyson, *Death by Black Hole: And Other Cosmic Quandaries* (New York: W. W. Norton, 2007). 한국어판 《블랙홀 옆에서》, (사이언스북스, 2018).

도 강연처럼 명료하고 이해하기 쉽고 유쾌하네요. 책을 읽을 때도 생방송 인터뷰에서 들었던 웃음소리가 들리는 것 같아요. 두 번째로, 박사님이 육감에 대해 했던 말씀이 기억납니다.

우리가 결코 본 적 없는 헤드라인:
"심령술사가 복권에 또 당첨되다"

저는 할머니가 '특별한 선물'을 받았고 평생 동안 그 선물을 다른 감각들처럼 사용하시는 걸 보아왔습니다. 할머니는 손님들이 언제 방문할지 미리 아시고는 침구를 준비하고 식료품을 넉넉히 샀습니다. 할머니는 저의 아버지가 그날 집에서 저녁을 먹을지 안 먹을지를 아시고 그에 따라 식탁을 차리셨습니다. 할머니는 밤에 소들이 새끼를 낳을 때면 주무시다 깨셨고, 도우러 온 사람들이 도착했을 때는 이미 파이를 굽고 계셨습니다. 이 모든 것이 할머니의 육감이었습니다. "심령 핫라인" 같은 것은 아니고, 그냥 다른 오감처럼 수월하게 받아들이는 특별한 인지능력인 것입니다. 할머니는 아일랜드 출신이세요. 할머니의 할머니도요. 그게 그분들이 사는 방식이었습니다.

아버지는 항상 여자들이 임신을 하면 당사자들이 임신 사실을 알기도 전에 먼저 알아채는 일이 종종 있었습니다. (아, 아버지가 그 임신에 책임이 있기 때문은 결코 아니에요.) 아마도 신체에서 일어나는 미세한 변화나 페로몬과 관련이 있을 것 같은데, 아무튼 아버지는 항상 그랬습니다.

박사님은 이런 이야기들을 많이 들어보셨겠지요. 제가 관찰한 바로는 육감은 우리가 잘 지낼 수 있도록 도와주는 그런 원초적인 감각인 것 같습니다. 저는 그렇게 믿어요.

항상 감사합니다.

– 케이틀린 페어웨더

안녕하세요, 케이틀린

칭찬 감사합니다. 당신 가족의 특별한 인지능력을 부인하는 입장에 서지는 않겠습니다.

다만 이런 능력을 연구실에서 면밀히 조사할 경우에는 모두 실패합니다. 좀 더 정확하게 말하자면, 그런 능력을 가지고 있다고 주장하는 사람들이 그 능력을 검증하기 위해 설계된 실험에 참여할 경우 우연보다 나은 결과를 내놓지 못합니다. 지난 수십 년간 《스켑티컬 인콰이어러》• 라는 잡지에 게재된 기사를 보면 그 기록이 자세히 나와 있습니다.

따라서 이러한 능력은 통제된 환경에서는 사라져버리

• *The Skeptical Inquirer*(Amherst, NY). 회의적 조사 위원회Committee for Skeptical Inquiry에서 발간하는 격월간지.

거나, 아니면 사람들이 우연히 맞힌 것만 기억하고 못 맞힌 것은 잊어버렸거나 둘 중 하나일 것입니다. (사실 이는 인간의 마음이 보여주는 가장 흔한 인지실패 가운데 하나죠.) 예를 들어 어느 심리학자의 연구에서 친구의 건강에 대해 예감을 가진 사람들을 대상으로 실험을 했습니다. 전화를 걸면 항상 친구가 병원에 입원을 했거나 몸이 좋지 않다는 것을 알게 되는 사람들 말입니다.

실제로 이런 일이 일어나면 이 사건은 실패의 기억을 대체하는 강력한 기억이 됩니다. 앞서 말했듯 이 주제를 다룬 문헌이 있는데, 여기서 그 내용을 상세히 논하기는 어렵겠지요. 그러나 실험적 방법은 우리 스스로 알아내는 것보다 우리에 대해 더 많은 것을 알려주며, 이를 통해 우리 사회는 미신과 마녀 화형의 시대를 벗어나(이때의 여자들은 사악한 능력을 가지고 있다고 여겨졌었죠) 경험적 탐구의 시대로 넘어갔고, 산업혁명과 현대식 생활을 탄생시켰습니다.

마음과 몸, 영혼에 대한 당신의 탐구에 최선을 기원하겠습니다.

-닐 디그래스 타이슨

3 사색

Musings

사람들이 생각하는 무작위적인 것들은
실질적으로 그 자체의 범주에 속한다.

복잡성

2019년 3월 8일 금요일

안녕하세요, 선생님

저는 최근에 우연히 장님거미를 보았습니다. 그리고 제가 그 거미와 아주 오래전 같은 조상에서 출발했다는 사실을 떠올리게 되었습니다. 수조가 넘는 임의의 DNA 돌연변이와 나선구조의 확장으로 우리 사이의 거대한 분화가 시작되었고, 이 나선구조 안에 든 대략 300만 개의 뉴클레오타이드는 수십조 개가 넘는 제 몸의 세포 안에서 살아가고 있습니다. 그리고 그 300만 개는 단 하나의 정확한 시퀀스로 배열되어 나를 만들고, 발전시키고, 생리작용을 작동시키고, 심지어 본능까지 지배하고 있습니다.

고작 3기가바이트로 어떻게 이 모든 게 가능할까요. 제 아이폰이 돌아가는 데 필요한 데이터도 이보다는 많은데요. 이 3기가만으로는 제 두뇌 속 10억 개의 뉴런 그리고 거기에 연결된 수십조 개의 시냅스를 통제하기에 충분치 않아 보입니다.

신앙심 깊은 저의 친구는 아주 간단한 답을 가지고 있지만 저는 그 답을 받아들이지 못하겠네요.

- 조쉬 S. 웨스턴 올림

조쉬에게

단순한 '규칙'들만 모아놓아도 특별한 복잡성이 빚어질 수 있습니다. 예를 들어 자본주의 사회에 사는 사람들은 일반적으로 돈의 가치를 중하게 여깁니다. 여기에 "뭔가를 사서 더 비싸게 팔아라" 같은 몇 가지 간단한 경제적 교리가 더해지고, 이것이 '수요와 공급'의 기본적 이해와 결합되면 어떻게 될까요. 수백 킬로미터 밖에 있는 농장에서 생산된 10여 가지 종류의 우유가 냉장 트럭 유통체인을 거쳐 동네 식료품 가게에 진열되고, 당신은 하루 24시간 일주일에 7일 아무 때나 가서 우유를 살 수 있게 되는 것입니다.

우주의 창조자가 당신의 건강을 가장 중요하게 여겨, 이 복잡한 유통 시스템을 하나하나 단계별로 설계해 당신이 매일 신선한 우유를 마실 수 있도록 만들었다고 말할 수도 있을 겁니다. 아니면 인간의 탐욕이 모든 것을 움직인다고 말할 수도 있고요.

하지만 잠깐만요. 뭔가 더 있습니다.

온 우주가 단지 92개의 원소로 이루어져 있다는 사실에 대해서는 어떻게 생각하십니까? 자연에 오직 네 가지 기본 힘이 있다는 것은요? (강력, 약력, 전자기력, 중력) 이 세상을 구성하는 기본입자가 오직 네 종류밖에 없다는 건 어떤가요? (쿼크, 전자, 중성미자, 광자) 전자기파(빛)의 거의 모든 행동이 '포스트잇' 메모지 한 장에 다 적을 수 있는 네 개의 방정식으로부터 유도된다는 것은요?

그러므로 이 세상을 움직이는 복잡성에 감탄할 수도, 또는 그것의 단순성에 경탄할 수도 있는 겁니다.

-닐

나선들

폴렛 B. 쿠퍼는 스스로 수학에는 영 가망이 없는 사람이라고 했지만, 그럼에도 은하와 허리케인 나선을 만드는 피보나치수열•까지, 우주 안에 나선 모양이 흔하게 등장하는 것을 깨닫게 되었다고 했다. 2006년 3월에 그녀는 이것이 혹시 어떤 알 수 없는 우주의 방식으로 서로 모두 연결되어 있다는 증거는 아닌지를 물었다.

안녕하세요, 폴렛
우주에서의 발견이나 일반적 발견에 있어서 우리가 넘어야 할 거대한 도전 가운데 하나는, 둘이 '똑같아 보일 때'와 '똑같을 때'의 차이를 이해하는 것입니다.

나선은하와 허리케인은 비슷해 보이기는 해도 서로 아무런 관련이 없습니다. 실제로 양팔 나선은하는 관찰되지만 양팔 허리케인은 한 번도 관측된 적이 없습니다.

더 중요한 점은 은하와 허리케인에 작용하는 힘이 완전

• 피보나치(1170년경~1250년경). 이탈리아(피사)의 수학자이며, 그의 이름을 딴 수열을 발견한 사람으로 유명하다. 피보나치수열은 1, 1, 2, 3, 5, 8, 13, 21, 34……로, 각 항이 앞선 두 항의 합으로 이루어져 있다.

히 별개라는 것입니다. 허리케인을 만드는 것은 대기의 압력 차, 바닷물의 온도 상승 그리고 구름을 옆으로 밀어내는 코리올리 힘이며, 이것들이 결합되어 당신이 보는 원형 패턴을 만들어냅니다. 은하에 작용하는 힘은 전적으로 중력이며, 나선 패턴은 새로 태어난 별들에 의해 거슬러 올라갈 수 있습니다.

다른 비슷한 것들을 살펴볼까요. 1800년대에 윌리엄 허셜은 점처럼 생긴 빛이 하늘을 가로질러 느리게 움직이는 것을 보았습니다. 그는 그것이 별일 수는 없다는 걸 알았지만 망원경으로 보면 별처럼 보였습니다. 그래서 그는 그것을 "별 비슷한 것"이라고 불렀고, 이것이 라틴어에서는 "아스터-오이드aster-oid"가 되어 애스터로이드asteroid, 즉 소행성이 되었습니다. 망원경의 접안렌즈를 통해 보면 비슷해 보이지만, 실제로 별과 소행성은 아무 관련이 없었습니다. 별은 소행성보다 수십억 배 이상 크고, 다른 자연의 힘에 의해 움직입니다.

유사성이 없지만 유사성을 찾으려 한 사례는 원자를 설명하려는 시도에도 있었습니다. 당시 사람들은 원자가 작은 태양계의 모습일 것이라 상상했습니다. 태양의 자리에 핵이 있고 전자들이 그 주위의 '궤도'를 도는 식으로요. 옛날 교과서에는 이런 개념을 바탕으로 원자를 설명합니다. 그러나 원자를 서술하는 법칙과 행성의 궤도를 서술하는 법칙 사이에는 아무런 관계가 없습니다. 그뿐만 아니라 이 태양계 비유는 오해를 불러일으키는 원자물리학 용어를 남겼죠. 예를 들어 우리는 전자가 '오비탈'을 점유한다고 서술하는데, 사실 전자의 경로는 '구름'의 형태로 가장 잘 설명됩니다.

맞습니다. 외양은 우리를 속일 수 있습니다. 그러므로 "그것이 무엇처럼 생겼는가?"라고 묻기보다 "그것이 무엇인가?"라고 묻는 것이 최선일 것입니다.

–닐 디그래스 타이슨

뿌리

2014년 2월, 하버드대학교의 아프리칸과 아프리칸-아메리칸 학과 교수인 헨리 루이스 스킵 게이츠 주니어는 자신이 진행하는 PBS 시리즈 〈당신의 뿌리를 찾아서〉에 참여해달라고 나를 초대했다. 이 프로그램은 미국의 유명인들의 유전적 유산을 탐색하는 내용으로 "인류의 계보와 최첨단의 유전 과학을 결합시켜 종족의 의미를 재조명"하는 것을 목표로 한다. 이 프로그램에 참여했던 유명인 가운데에는 마사 스튜어트, 오프라 윈프리, 마이크 니콜스,

새뮤얼 L. 잭슨, 바버라 월터스 그리고 크리스 록도 포함되어 있다. 나는 초대를 사양했다.

어쩌다 보니 비영리 기관의 이사회에서 게이츠 교수를 개인적으로 알게 되어서, 나는 내 생각을 솔직하게 말할 수 있었다.

> 안녕하세요, 스킵
>
> 성황리에 진행 중인 당신의 프로그램에 초대해주신 데 감사드립니다. 많은 사람들이 그 프로그램을 시청하면서 세간의 화젯거리가 되고 있죠.
>
> 그러나 나는 뿌리 찾기에 관해서라면 특이한 철학을 가지고 있습니다. 그냥 신경을 쓰지 않는 것이죠. 이는 수동적인 무관심이 아니라 적극적인 무관심입니다. 어차피 이 세상에 사는 사람들 중 아무나 둘을 뽑아도 그 둘은 공통의 조상을 갖습니다. 따라서 족보를 구성하기 위해 그리는 선은 어디까지 거슬러 올라가느냐에 따라 전적으로 임의적일 수밖에 없습니다.
>
> 인간으로서 내가 할 수 있는 일이 무엇인가를 고민할 때 나는 내 '친척'이 아닌 모든 인간을 고려합니다. 나에게 중요한 것은 유전학적 관련성입니다. 아이작 뉴턴의 천재성, 잔 다르크와 간디의 용기, 마이클 조던의 놀라운 기록, 윈스턴 처칠의 웅변 기술, 마더 테레사의 자비심 같은 것들을요. 나는 내가 어떤 사람이 될 것인가를 고민할

때 영감을 얻기 위해 인류 전체를 돌아봅니다. 왜냐하면 나는 인간이기 때문입니다. 나는 나의 조상이 왕족인지 극빈자인지, 성인인지 죄인인지, 용감한 자였는지 겁쟁이였는지 상관하지 않습니다. 내 인생은 내가 만들어가는 것이니까요.

그래서 정중히 당신의 초대를 거절합니다만, 그렇다고는 해도 많은 사람들이 알렉스 헤일리 이후 이 오락거리가 매우 교훈적이라고 생각한다는 것은 잘 알고 있습니다. 그리고 과거에 대한 그들의 통찰과 깨달음을 부정하지 않습니다. 그러므로 이러한 생각은 혼자만 잘 간직하고 있겠습니다.

시리즈가 계속 승승장구하기를 바랍니다.

– 닐 올림

기원전/기원후

2009년 4월, 열렬한 무신론자[•]인 라이오넬은 종교, 그중에서도 특히 기독교 전통을 바탕으로 한 달력을 사용해야 하는 자신의 처지에 화가 나고, 도무지 이해할 수 없다고 토로했다. 그는 인류가 알아낸 지구와 우주의 나이와 기원에 걸맞은 좀 더 과학적이고 합리적인 달력 체계가 만들어지기를 바랐다.

> 라이오넬에게
> 당신의 생각을 공유하고 제 의견을 물어봐주신 데 감사드립니다. 당신이 제기한 문제에는 몇 가지 고려할 점이 있습니다.
>
> 1. 지구와 우주의 과거를 계산할 때는 대부분의 경우 달력을 전혀 참조하지 않습니다. 단순히 현재로부터 몇 년 전인지를 세는 식입니다. 이를테면 지구가 기원전 46억 년 전에 생겼다고 말하는 사람은 없습니다. 그냥 단순히 46억 년 전에 생겼다고 말하죠. 지질학이나 생물학적 연대를 말할 때도 마찬가지입니다.
>
> 2. 지구의 기원은 적어도 수십억 년은 거슬러 올라갑니다. 그러므로 우주 달력의 시초를 가리는 데 정확한 날짜와 시간은 의미가 없습니다. 이는 마치 당신이 태어난 때를 나노 초(10억 분의 1초) 단위로 기념하려는 것이나 마찬가지입니다.

• 무신론자는 말 그대로 '신을 믿지 않는 사람'이라는 뜻이다. 나는 이 말을 한 번도 좋아했던 적이 없다. 자신이 아닌 것을 묘사하는 단어가 있다는 게 이상하지 않은가? 그렇게 따지면 '비-골퍼'라는 말이 있던가? '비-요리사'는? '비-우주비행사'는?

당신이 산도를 통과하는 데 걸린 시간만 해도 이 단위를 훌쩍 넘어서니까요. 그래서 우리는 출생 시간을 출생한 순간에 가장 가까운 분 단위로 기록하는 것입니다.

3. 역사 기록 안의 시간과 날짜에 대하여, 기독교의 그레고리안력은 국제 표준으로 사용됩니다. 그레고리안력은 예수 이전인 BC 그리고 AD, 즉 아노 도미니(라틴어로 '우리 주님의 해')로 표시하는 연도로 기록하지요. 문화권에 따라 다른 달력도 존재해서 히브리력, 이슬람력, 음력 등이 있고, 이런 달력들은 모두 각각의 종교나 문화의 중요한 사건을 달력의 시점으로 잡습니다. 그러나 오늘날 그런 달력들은 실생활에 사용되기보다는 의식용으로 남아 있습니다.

4. 그레고리안력은 아주 단순히 말해서 지금까지 개발된 달력 중 가장 정확하고 안정적입니다. 16세기 그레고리오 교황이 지명한 예수회 사제들이 아주 멋진 일을 해낸 것이죠. 당시 율리우스력은 수백 년에 걸쳐 춘분점이 조금씩 어긋나 3월 21일이 아닌 3월 10일로 밀려나 있었고, 그들은 이런 오류를 바로잡았습니다. 이후 춘분점은 3월 21일에 맞춰져 영원히 지속되었고, 하루 정도 앞이나 뒤로 이동하는 것 외에는 틀어지지 않습니다. 한편 다른 달력 체계, 특히 음력 같은 경우는 간헐적으로 한 달을 통째로 끼워 넣어 태양

궤도상의 지구의 위치를 재조정해주어야 합니다.

뭔가를 제대로 하면, 그것도 당신 이전에 살았던 사람들보다 더 잘 해내면, 이름을 붙여줄 수 있는 권한을 갖게 됩니다. 당시에 달력에 관여한 무신론자는 없었습니다. 물론 달력에 관여한 무신론자는 지금까지도 없었죠. 예외가 있다면 BCE와 CE를 도입한 정도였습니다. BCE는 "Before Common Era(서력기원 전)", CE는 "Common Era(서력기원)"로 각각 BC와 AD를 대체하는 용어입니다.

헨델이 작곡한 〈메시아〉는 합창곡 중에서도 가장 위대한 작품으로 손꼽힙니다. 바흐의 〈B단조 미사〉도 그렇습니다. 그러나 이런 작품들은 헨델이나 바흐가 예수에게 감화를 받지 않았다면 이 세상에 나오지 못했을 것입니다. 그렇다고 해서 이 위대한 음악 작품들의 탁월함이나 아름다움, 장엄함이 덜해지는 것은 아닙니다.

그뿐만 아니라 무신론자인 당신도 "홀리데이"나 "굿바이" 같은 단어들을 사용하고 있습니다. 홀리데이의 어원은 "거룩한 날holy day"이고, 굿바이는 "신께서 당신과 함께하기를god be with you"이라는 의미를 담고 있지요.

인생이 늘 그렇듯, 당신은 무엇과 싸워야 할지를 선택해야 합니다.

그러니까 BC와 AD 대신 CE와 BCE를 쓰시고 달력은 그대로 두시는 건 어떨까요? 그 대신 당신이 가진 에너지를 진짜 전투에 쏟으십시오. 이를테면 학교에서 가르치는 과학 커리큘럼에 종교적인 입김을 불어넣으려 끊임없이 시도하는 종교 근본주의자들에 맞서 과학 수업의 '존엄성'을 지키는 일 말입니다.

– 닐 디그래스 타이슨 올림

이라크의 하늘

2007년 3월 5일 월요일

친애하는 닐

저는 미 육군 일병 데릭 필립스입니다. 현재 이라크 바라드 외곽에 파병을 나와 있죠. 얼마 전 아내에게 선생님의 신간 《블랙홀 옆에서》를 보내달라고 부탁해 이틀 전에 받았는데, 그 후로 도무지 책을 내려놓을 수가 없었습니다. 현재 저는 지루한 보초 임무를 맡고 있습니다. 12시간 동안 노새가 끄는 수레를 지켜보며 한 자리에 꼿꼿이 서서 녹초가 되었다가, 교대를 하면 겨우 자리에 앉아 책을 펼쳐볼 시간이 납니다. 아마도 많은 사람들이 자신만의 방식으로 이 책을 즐기고 있을 거라 확신합니다. 그래서 제가 이 책에서 기쁨을 얻는 저만의 방식에 대해 선생님께 들려드리면 좋아하실 거란 생각이 들었습니다.

저는 바그다드에서 한 시간쯤 북쪽으로 떨어져 있는 곳에 있습니다. 이곳은 선생님의 책에서 몇 차례 언급된 지역이에요.• 이곳 지역민들과 가끔 얘기를 나누는데, 그들은 과학의 역사에서 자신들이 얼마나 중요한 역할을 차지하는지를 잘 알고 있고 가끔은 제가 몰랐던 얘기를 들려주기도 합니다. 제가 임시 뒷마당으로 삼은 바로 이곳에서 말이죠. 선생님의 책에서 얻은 지식을 가지고 주민들과 대화를 나누다 보면, 제가 이곳을 점거한 침입자라기보다는 그냥 중무장한 관광객인 것 같은 기분이 들곤 합니다.

선생님의 책들은 사람들로 하여금 별을 바라보게 하고, 그러면서 책의 내용을 떠올리게 하는 것 같습니다. 야간투시경으로 바라보는 밤하늘은 제가 생각했던 것보다 훨씬 더 많은 것들로 가득 차 있었습니다. 선생님의 독자들 중에서 선생님 책에 감화를 받아 고단한 하루 일과를 마치고 긴장을 풀기 위해 방호용 장비를 사용하는 사람이 몇 명이나 될까요? 글쎄요, 아마 몇 명은 되겠죠.

어쨌거나 저는 선생님의 책에 큰 감화를 받았고 제 머리는 이제 단순히 귀 사이에 달린 무언가가 아니게 되었습니다! 이곳에 있는 동안 지루함을 면할 수 있도록 도와주신 데 감사드립니다.

• 바그다드는 수천 년 전 이슬람 문명의 황금기 동안 세계 지성의 중심지였다.

저는 천체물리학에는 관심이 아주 많지만, 따로 배운 적은 전혀 없습니다. 저는 제 아이들에게 들려줄 수 있도록 혼자서 나름대로 우주를 연구하고 있습니다. 아이들도 제가 느끼는 경이와 신비를 함께 느끼고, '망원경'이라는 최소한의 투자로 귀중한 시간을 함께 보낼 수 있을 것 같습니다.

간단히 말해서, 선생님이 국가에 대한 '나의' 봉사에 기여해주신 것에 감사드리고 싶었습니다.

-일병 데릭 필립스 올림

필립스 일병께

신간에 대한 따뜻한 말씀과 그 책이 이라크 파병 복무 중인 당신께 어떤 영향을 미쳤는지 들려주셔서 감사합니다. 그곳에서 보내는 시간이 수월하게 지나가도록 돕게 된다면 저로서는 영예로운 일입니다.

야간투시경에 관해서라면, 사실 천체물리학과 군사학 사이에는 사람들이 알고 있는 것 이상의 깊은 연관성이 있습니다. 저는 지금 그 두 분야 사이에 존재하는 수많은 연관성을 조명하는 책을 쓰고 있습니다.•

• Neil deGrasse Tyson과 Avis Lang, *Accessory to War: The Unspoken Alliance Between Astrophysics and the Military*(New York: W. W. Norton, 2018).

맞습니다. 바그다드는 과학과 수학에서 오랜 역사를 가지고 있습니다. 그중에서도 대수학이 뛰어났죠. 그리고 다음번에 밤하늘을 올려다볼 때 (책에서 읽어 기억하시겠지만) 이름이 있는 별의 3분의 2가량은 아랍어 이름을 가지고 있다는 점도 눈여겨보십시오. 이는 1,000여 년 전 아랍인들이 발전시킨 항해술 때문에 가능한 것이었습니다.

인간으로 사는 동안 우리는 문화, 정치, 종교, 시대를 초월하는 우주의 진리를 끊임없이 발견합니다. 그리고 이러한 발견이 우리가 '문명'이라 부르는 지식과 지혜의 집대성을 이루는 것입니다.

지구와 우주 안의 모든 최고를 기원하며.

– 닐 디그래스 타이슨

별을 보다

《뉴욕타임스》의 주간 기획 〈메트로폴리탄 다이어리〉에서는 도시 생활의 독특한 이야기를 독자들에게 소개한다. 1993년에 나도 이 기획에 참여했었다.

1993년 12월 15일 수요일

〈메트로폴리탄 다이어리〉에게

최근 브루클린 억양이 강한 한 나이 지긋한 여인이 컬럼비아대학교 천체물리학부에 있는 내 사무실로 전화를 걸어, 전날 밤 창밖에 "맴돌고 있던" 반짝이는 물체에 대해 문의를 해왔습니다. 나는 대번에 그것이 밝게 빛나는 금성이고, 어쩌다가 초저녁의 서쪽 하늘에 위치해서 잘 보였던 것임을 알았지만, 내 의심을 확인하기 위한 질문을 더 해보았지요. "마티의 식료품점 지붕보다 조금 더 높았어요!" 같은 대답들을 듣고 밝기, 방위, 지평선으로부터의 고도, 관측 시간 등등을 면밀히 따져본 후, 그녀가 본 것이 금성과 일치한다는 결론을 내렸습니다. 이어지는 대화를 통해 그녀가 브루클린에서 거의 평생을 살았다는 것을 알게 되면서 나는 전에도 서쪽 지평선 위로 금성이 밝게 빛났던 적이 수백 번은 있었을 텐데 왜 이제야 전화를 했느냐고 되물었습니다. 그녀는 이렇게 대답했습니다. "전에는 한 번도 제대로 본 적이 없었거든요!"

이 말이 천체물리학자에게 얼마나 놀라운 말인지 모르실 겁니다. 나는 그녀의 이야기를 좀 더 들어보기로 마음먹고 그 아파트에서 얼마나 오랫동안 사셨느냐고 물었습니다. "30년 살았죠." 그래서 전에는 창밖을 본 적이 한 번도 없었느냐고 물었습니다. "그동안은 항상 커튼을 닫아 놓고 살았어요. 하지만 이제는 계속 열어놓고 지낸답니다." 그래서 자연스럽게 왜 이제야 커튼을 열어놓게 되었느냐고 물었습니다.

"창밖에 커다란 아파트 건물이 있었는데 얼마 전에 철거됐거든요. 그래서 이제는 하늘을 볼 수 있게 되었어요. 하늘이 참 아름답네요."

– 맨해튼에서, 닐 디그래스 타이슨

다이아몬드와 함께 하늘에 있는 루시

2009년 6월 10일 수요일

닐 아저씨, 저는 조제트 버렐이고 일곱 살이에요. 아저씨가 TV에서 명왕성이 왜 난쟁이별인지 설명하는 걸 보았어요. 나는 그게 되게 근사하다고 생각했어요. 하늘에는 루시라는 행성(아니면 별)이 있는데, 그게 커다란 다이아몬드래요. 내가 궁금한 건, 과학자들은 그렇게 멀리 있는데 그게 뭔지 어떻게 아나요?

– 조제트 드림

좋은 질문이에요, 조제트

우주에는 죽은 별들이 많이 있는데 그 별들은 탄소로 만들어져 있어요. (그 별들이 흰난쟁이별이에요.) 높은 압력을 받으면 순수한 탄소는 다이아몬드로 바뀐답니다. 이런 별들은 중력이 아주 강하기 때문에 별의 탄소가 높은 압력 아래에 있는 거예요. 그래서 우리는 수학을 가지고 계산해서 별이 순수한 다이아몬드로 만들어졌을 수도 있다는 걸 알게 되는 거랍니다.

– 닐

단도직입적으로 묻겠습니다

2008년 7월 22일 화요일

타이슨 씨께

저는 미국 작가조합 회원이고, 현재는 행성 간 우주여행에 관한 대본을 쓰고 있습니다. 수많은 TV 프로그램에 나오신 선생님을 보았고, 세상에 대한 솔직한 견해에 엄청난 팬이 되었죠. 문득 예전에, 우주에 나갔다가 뭔가 잘못되면 어떻게 될까라는 질문에 대한 선생님의 솔직담백한 답이 생각났습니다. "그냥 죽는 거죠!"

그래서 선생님께 자문을 구해야겠다고 마음먹었습니다.

저는 지금 토성의 위성 가운데 세 번째로 큰 이아페투스로 파견된 우주비행사에 관한 대본을 쓰고 있습니다. 우주비행사 톰 소령이 위성 표면에서 전송된 신비로운 외계 신호를 조사하기 위해 탐사를 나가는 이야기인데, 문제는 이겁니다. 저는 이 이야기를 제대로 만들고 싶습니다. 그리고 이 이야기가 최대한 정확했으면 좋겠습니다. 이런 장기간에 걸친 우주여행에서 발생할 수 있는 위험, 우주선 안팎의 위험에 관한 질문에 답을 주실 수 있을까요?

- 안드레이 앤슨 올림

안드레이에게
질문해주셔서 감사합니다.

1. 이아페투스까지는 얼마나 걸릴까요?

그건 당신의 선택에 달려 있겠죠. 에너지 사용을 최소화하는 궤도로 잡으면 대략 10년쯤 걸립니다. 만약 연료는 상관없다면, 여행 기간 대부분은 가속을 하고 마지막에 연료를 사용해 감속을 하죠. 이런 식이면 가는 중에 인공 중력이 발생하게 되고, 1~2년 안에는 도착할 수 있을 겁니다.

2. 대본에서는 연료 공급을 위해 새로운 셔틀을 우주정거장에

결합시키려고 합니다. 그들은 어떻게 이아페투스에 도달하게 될까요? 슬링샷 기술(행성의 중력을 이용해 궤도를 조정하는 방법. 스윙바이라고도 한다.—옮긴이 주) 같은 것을 쓰면 될까요?

우주선은 이미 지구 궤도에 도달할 때 태양계의 어디든 갈 수 있는 에너지의 절반을 가지고 있습니다. 다시 말해 지구 궤도에 도달하기 위해 드는 에너지가 지구를 완전히 벗어나는 데 드는 에너지의 정확히 절반이라는 뜻입니다. 슬링샷 기술은 연료를 충분히 보유하지 않은 채 출발한 우주선이 목적지에 도달하도록 하는 기술입니다. 이 기술을 쓰면 포물선 궤도를 그릴 때보다 더 오래 걸리는데, 그 이유는 필요한 중력 부스트를 더해줄 행성과 위성을 향해 낙하하면서 총 여행 거리가 두 배로 늘어나기 때문입니다.

3. 우주선의 속도를 얼마나 빠르게 잡아야 할까요? 시속 3만 9,000마일(62,764킬로미터)이 현재로서는 현실적인 한계일까요?

어떠한 속도든 상관없습니다. 속도는 가속과 감속에 사용할 수 있는 연료에 의해 좌우됩니다. 지구의 탈출속도는 시속 2만 5,000마일입니다. 이 속도면 이아페투스까지 10년이 걸리겠죠.

4. 어떻게 돌아올 수 있을까요?

갈 때보다 돌아올 때 연료가 더 많이 필요합니다. 그러니 토성에서 어떤 식으로든 연료를 충전해야 합니다. 토성의 대기에는 물을 포함해 이런 용도로 사용할 수 있는 분자들이 있습니다. 그러나 물을 산소와 수소로 분리할 공장이 필요할 겁니다. 그러면 두 원소가 로켓 모터 안에서 결합되어 로켓 연료를 형성할 수 있겠죠. 아니면 그냥 외계인 주유소에 가서 연료를 사는 방법도 있겠군요.

5. 우리의 영웅 톰이 앞으로 20여 년간 우주에 갇히게 되면 무슨 일이 생길까요? 물리학적으로 말해서 말입니다.

아무 일도 안 생깁니다. 먹을 게 떨어지는 것 말고는요.

6. 마지막으로, 우주선에 영구히 손상을 입히려면 어떻게 하면 될까요?

한 가지 시나리오는 이렇습니다. 먼저 토성의 대기를 이용해 에어로브레이킹(대기의 마찰을 이용한 우주선의 감속 방법—옮긴이 주)을 하는 것이죠. (1984년도에 나온 영화 〈2010 우주여행〉을 참고하십시오.) 그러면 동체에 구멍이 생기고 뜨거운 공기가 주요 엔진 부품으로 흘러들어가 동력 조절 장치와 연료 탱크에 영구히 손상을 입히게 됩니다. 연료도 있고 로켓 모터도 있지만, 얼마큼 점화되는지 제어할 수 없게 되는 것이죠. 그렇게 되면 모든 연료가 다 새어나가고 그는 회전하면서 의식불명 상태가 될 겁니다.

7. 저는 소행성의 잔해 일부가 아슬아슬하게 우주선을 비껴가는 상황을 생각하고 있습니다. 그러나 우주선 근처의 잔해들은 우주선에 손상을 입혀 무용지물로 만드는 원인이 됩니다. 아니면 아주 단도직입적으로, 소행성 잔해가 꼼짝 안 하고 서 있게 만들 방법이 있을까요? (시속 3만 9,000마일이라면 아마 대부분의 것들이 우주선을 아예 없애버릴 수도 있을 텐데, 그건 제가 원하는 것이 아닙니다.)

불가능할 겁니다. 소행성은 흔치 않습니다. 그래도 우주는 광활하니 조금은 있을 수도 있겠죠. 아니면 차라리 우주선이 토성 주위를 돌아 목성을 향해 날아가도록 슬링샷을 시킬 수도 있겠군요. 그렇게 해서 우연히 트로얀 소행성군으로 내던져지게 하는 겁니다. 이 트로얀 소행성군은 목성의 중력으로 인해 태양 주위 궤도에 붙잡혀 있습니다. 그러면 우주선은 충돌에 의해 수리가 불가능한 손상을 입게 될 겁니다. 아마 연료도 잃게 될 것이고요. 감속에 필요한 충분한 연료가 없는 상태이니 토성 주위로 에어로브레이킹을 시도해야 합니다. 이렇게 하면 톰 소령은 태양계를 벗어나지 않고도 토성 주위 궤도에서 확실히 죽음을 맞이하게 될 겁니다.

좋은 하루 보내세요!

－닐 디그래스 타이슨

최악

2009년 7월 8일 수요일

타이슨 씨께

그냥 알고 싶어서요. 과학 분야에서 최악의 영화는 무엇이라고 생각하십니까? 이야기를 쉽게 풀기 위해 〈2001: 스페이스 오디세이〉 이전 영화들은 모두 제외하기로 하겠습니다. 그러니까 에드 우드의 영화들은 꼽지 않으셔도 됩니다. 영화 〈아마겟돈〉은 어떤가요? 그 영화는 과학적으로나 예술적으로나 아주 꽝이죠.

아무튼 답장을 써주실 시간이 있기를 바랍니다. 선생님이 바쁜 분인 건 잘 알지만, 불행하게도 제가 호기심이 무척이나 왕성한 인간이라서요. 시간 내주셔서 감사합니다. 자유세계를 계속 뒤흔들어주세요.

– 크리스 보스트윅

크리스에게

디즈니의 1979년도 영화 〈블랙홀〉입니다. 당시 과학적 자료들이 얼마나 풍부했는지를 감안하면 이 영화는 단연코 최악이에요. 그러다 1998년에 〈아마겟돈〉이 나왔죠. 〈아마겟돈〉은 우주 안에 존재하는 그 어떤 영화보다도 물리 법칙을 더 많이 (1분에 하나씩) 어깁니다.

– 닐

바이러스에 의한 실수

2019년 1월 8일 화요일

타이슨 박사님께

먼저 저희 소개부터 할게요. 사뮤크타와 저는 NYC의 의대생이고, 무엇보다도 박물관 마니아라서 자연사박물관에 자주 갑니다. 박물관 전시품의 소개글 중에 작지만 중대한 오류가 있어 이를 알려드리려 이 편지를 씁니다. 리노바이러스를 설명하는 표지판에는 이렇게 쓰여 있습니다. "리노바이러스는 일반적인 감기를 일으키는 가장 흔한 원인 가운데 하나입니다. 이 바이러스는 단백질 막으로 싸인 DNA로 구성되어 있습니다." 그러나 리노바이러스는 표지판에 쓰인 'DNA(디옥시리보핵산)'가 아니라 RNA(리보핵산)로 이루어져 있습니다.

저희도 이게 별것 아닌 것처럼 보인다는 걸 잘 압니다. 하지만 괜스레 트집을 잡으려는 것은 아닙니다. 바이러스가 DNA로 구성되었는지 아니면 RNA로 구성되었는지는 바이러스를 구분하고 분류하는 가장 기본적인 방법 중 하나이며, 바이러스의 전파와 복제 방식, 안정성 그리고 특히 모든 핵심 성질들 중에서도 물리적 특성에 영향을 미칩니다. 따라서 우리는 이것이 박사님께 편지를 써야 할 만큼 중요한 사안이라고 생각했습니다.

–사뮤크타 구타와 아니크 파텔 올림

사뮤크타와 아니크에게

바이러스가 DNA가 아닌 RNA를 나른다는 것은 누구나 아는 사실일 겁니다. 게시판의 글을 쓰고 검토를 했던 우리 직원 모두와 247개월 전 박물관이 개장한 이래 박물관을 찾아와 이 글을 읽은 사람들만 제외하고 말이죠.

심지어 오류가 있었는지를 확인하기 위해 인쇄소에 보냈던 파일까지 확인해보았습니다. 우리 실수가 아니라 게시판 제작자에게 책임을 돌릴 수 있지 않을까 하는 심정으로요. 하지만 안타깝게도 우리가 보낸 원고에 오류가 있었습니다.

그래서 말인데, 이 게시판을 처음 걸었던 20년 전에 두 분은 어디에 계셨습니까? 그때로 돌아가 두 분께 문의를 했다면 좋았을 텐데요!

날카로운 지적 감사합니다.

그리고 그 문구는 곧 고쳐놓겠습니다.

– 닐

이후 사뮤크타와 아니크에게 다음과 같은 답장을 받았다.

"정말 감사합니다. 그때 우리는 두 살이었어요. 하지만 그래도 우리를 찾아오셨어야죠!"

분열은 쉽다

다음은 자연사박물관의 동료들에게 보내는 공개서한이다.

2006년 5월 4일 목요일 오후
친애하는 박물관 가족 여러분
여러분 모두 이미 아시다시피, '헤아릴 수 없이 많은' 혜성들(아마도 수십조 개 이상)이 다른 것들과 함께 태양 주위를 돌고 있습니다. 일반인들이 혜성에 대해 듣는 내용이라면 아마 육안으로도 볼 수 있을 만큼 충분히 밝다거나, 아니면 무엇에 부딪힐 것 같다거나 하는 정도일 것입니다.

행성들의 궤도가 원형에 가까운 모양을 이루는 것과는

달리, 혜성들 대부분은 대단히 길쭉한 궤적을 그리면서 내행성계를 들락날락하며 다른 행성들의 궤도를 가로지르며 여행합니다. 혜성은 주로 얼음으로 만들어져 있어, 태양에 가까워지면 그 열에 바깥쪽 막이 증발합니다. 그 결과 빛을 반사하는 거대한 기체 공이 만들어집니다. 이것이 '코마'입니다. 이러한 기체는 행성 사이의 공간에서 확장되며 그 유명한 혜성의 '꼬리'를 형성합니다.

우리는 혜성이 무엇으로 만들어졌는지는 잘 알지만 얼마나 단단한지는 모릅니다. 태양계 혜성들의 구조적 완전성은 천차만별인데, 마치 어떤 눈뭉치는 잘 뭉쳐지는 반면 어떤 것은 우리 손을 떠나는 순간 바스러지는 것과 비슷합니다.

이제 막 우리 육안에 보이기 시작한 슈바스만-바흐만 3Schwassmann-Wachmann 3(약자로 SW3) 혜성은 열흘 안에 지구 700만 마일(1,100만 킬로미터) 반경 안으로 들어올 것입니다. 이 거리는 지구와 달 사이의 30배가량 됩니다. 지금쯤이면 혜성은 압력을 받아 핵이 분해되기 시작했을 것이고 10여 개의 얼음 덩어리로 쪼개져 각각 자신만의 미니 코마와 미니 꼬리를 만들게 됩니다. 지금 하늘에는 선두 혜성의 조각과 그 꼬리가 보름달의 5~6배 폭의 각도로 펼쳐져 있습니다. 이 놀라운 혜성의 모습을 한번 보세요. 다음 사진은 2주 전 허블망원경으로 촬영한 것입니다.

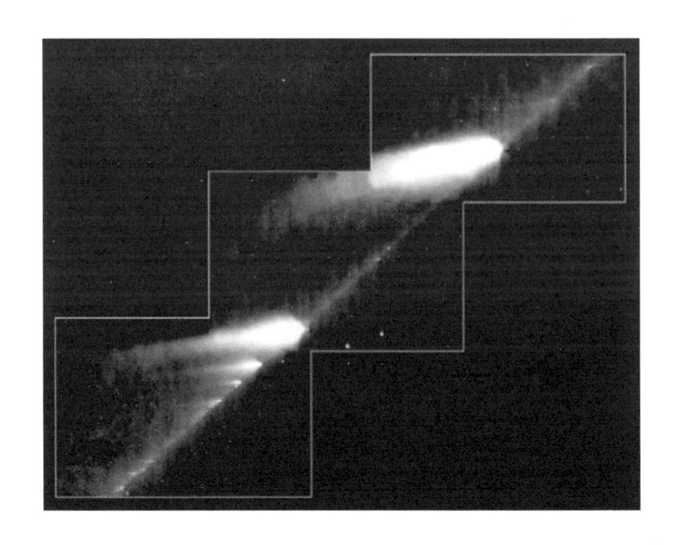

도시에서는 빛 공해로 가시성이 형편없을 겁니다. 그러나 교외에 사는 분이라면 육안으로도 SW3 혜성을 쉽게 찾을 수 있을 것입니다. 이번 주, 혜성은 헤라클레스 별자리를 가로질러 이동합니다. 다음 주에는 그 근처인 거문고자리를 지날 것이고요. 이 두 별자리는 해가 뜨기 몇 시간 전 남쪽 하늘 높이 자리 잡고 있을 것입니다.

종말을 예견하는 웹사이트들의 선언문과 요란스럽게 경보음을 울려대는 이메일과는 달리, 이 혜성은 지구에 사는 생명체에게 아무런 해도 끼치지 않습니다.

늘 그랬듯, 하늘을 올려다보세요.

– 닐 디그래스 타이슨

II

코스모스

질서정연한 전체로서

보이는 우주

4 혐오 메일
Hate Mail

내가 받는 편지의 3분의 1 정도는 팬에게서 온 메일이다.
간혹 그렇지 않은 메일도 메일함에 들어온다.

사죄

2012년 6월 18일 월요일
친애하는 닐 디그래스 타이슨 박사님께
제가 열 살이었던 12년 전, 박사님께 피부색에 관한 고약하고 못된 메일을 보냈던 것을 진심으로 사죄하기 위해 이 글을 씁니다. 그때 명왕성이 더는 행성이 아니라고 하신 박사님의 말씀에 화가 나서 박사님을 "커다란 똥 대가리"라고 불렀었어요.• 제발 저의 진지한 사과를 받아주시기 바랍니다. 저는 박사님이 쓰신 책의 열렬한 팬이며, 그런 잔인하고 거친 말로 박사님의 감정을 상하게 한 것을 진심으로 뉘우치고 있습니다.

– 마이클 C. 호토 올림

마이클에게
그 편지에 대해서는 거의 기억이 남아 있지 않습니다. 내 파일 캐비닛은 그런 편지들로 가득 차 있거든요. 하지만 당신의 사과는 따뜻하게 받아들이겠습니다. 그때 당신은 그저 스스로의 감정에 솔직했을 뿐이라는 걸 알기 때문입니다.

– 닐 올림

호소

다음은 2006년 가을, 플로리다주 플랜테이션피터스초등학교

• 내가 사적으로 행성으로서의 명왕성의 지위를 박탈한 것은 아니었지만, 나는 분명히 그 모욕을 방조한 종범이었다. 그 덕에 나는 전국의 초등학생에게 공공의 적이 되었다.

3학년 학생이 보낸 편지다.

Dear Scientest,

What do you call pluto if its not a planet anymore? If you make it a planet agian all the Science books will be right. Do poeple live On Pluto? If there are poeple who live there they won't exist. Why can't pluto be a planet? If its small doesn't mean that it doent have to be a planet anymore. Some poeple like pluto. If it doesn't exist then they don't have a favorite planet. Please write back, but not in cursive because I can't read in cursive.

Your friend,

Madeline Trost

과학자 선생님께

명왕성이 더 이상 행성이 아니라면 명왕성을 뭐라고 불러요? 아저씨가 그걸 다시 행성으로 만들어주면 과학 교과서가 다 맞게 되잖아요. 명왕성에도 사람이 살아요? 만일 거기에 사람이 살면 그 사람들은 사라지게 되잖아요. 왜 명왕성은 행성이 될 수 없나요? 작다고 해서 행성이 될 수 없는 건 아니잖아요. 어떤 사람들은 명왕성을 좋아해요. 만일 그 행성이 없어지면 그 사람들은 좋아하는 행성을 잃어버리게 돼요. 제발 답장을 해주세요. 하지만 필기체로는 쓰지 말아주세요. 전 필기체를 못 읽어요.

– 당신의 친구, 매들린 트레스트

이 편지가 헤이든 천문관의 내 사무실에 도착했을 때, 이런 편지들을 수백 통씩 처리하느라 답장을 하지 못했다. 답장을 했다면 이렇게 썼을 것이다.

> 매들린에게
> 만일 누군가 명왕성에 살고 있다면 그 사람들은 명왕성이 난쟁이별로 바뀐 후에도 계속 거기 살 수 있답니다. 그러니 그 사람들이 어떻게 될까 봐 두려워할 필요는 없어요. 명왕성이 누군가가 좋아하는 행성이었다면, 이제부터는 누군가가 좋아하는 난쟁이별이 되는 거예요. 해로울 건 아무것도 없습니다. 그러나 어떤 경우든 과학 교과서에 대한 매들린의 생각은 옳아요. 교과서는 모두 바뀌어야 할 거예요. 책을 사는 사람들에겐 나쁘겠죠. 하지만 출판사 입장에선 좋은 일입니다. 사람들에게 새 책을 또 팔 수 있게 될 테니까요.
>
> 아래에 내 필기체 서명을 써볼게요. 이건 닐 D. 타이슨

이라고 읽으면 돼요. 대략 이 정도부터 시작하면 되지 않을까요?

– 당신의 친구, 닐

Neil D. Tyson

달의 연인

2007년 1월 6일 금요일

타이슨 박사님

오늘 아침 라디오에서 선생님 목소리를 들었습니다. 거기에서도 화성과 달에 관해 고지식하고 고리타분한 이야기만 늘어놓으시더군요. 특히 실망스러웠던 건 당신이 달을 깎아내리던 대목이었습니다. 달의 어두운 면에 배치된 망원경이 허블망원경을 포함해 우주를 탐색하고 있는 그 어떤 도구보다도 월등한 성능을 보여줄 수 있다는 걸 천체물리학자인 당신이 더 잘 알지 않습니까. 달 표면에 장비를 배치할 수 있다면 비싼 돈을 들여 장비를 궤도에 올릴 필요가 없게 될 것입니다.

달은 인류가 다음 단계로 도약하는 진화의 디딤돌입니다. 우리는 진정한 우주여행을 할 수 있는 종種, species으로 거듭날 것이며,

이를 통해 우리가 누구이며 무엇인지를 깨닫고 우리가 공유하고 있는 운명을 더 깊이 새롭게 이해하게 될 것입니다. 나는 하늘을 올려다볼 때, 특히 손에 닿을 것처럼 밝은 보름달이 가까이에 떠 있는 것을 볼 때, 그것이 그저 하늘에 떠 있는 생명 없고 쓸모없는 덩어리로 보이지 않습니다. 나는 달을 보면서 2050년이나 2079년쯤 달 표면 전체에 불빛이 반짝거릴 광경을 떠올립니다. 그 불빛은 달에서 번성할 새로운 사회를 보여줄 증거이자 이곳 지구에 사는 인류를 변화시킬 증거가 될 것입니다.

– 아서 피콜로 올림

안녕하세요, 피콜로 씨
솔직한 의견 감사합니다. 지적하신 몇 가지 문제는 과학계에서 널리 통용되는 합의가 존재하므로 그 부분을 설명하고자 합니다.

1. 달 표면에는 대기나 물이 있었던 흔적이 없고, 또 달 안에 상당한 양의 물이 있을 가능성(예. 대수층 등)도 없습니다. 달이 충돌로 인한 메커니즘을 통해 형성되었다는 사실을 감안하면 생명 생존의 가능성도 없습니다. 따라서 화성과 비교할 때 달은 죽은 별이냐 아니냐에 대한 논쟁 자체가 없습니다.

2. 지구의 과학자들이 달에 관심을 갖는 부분은 지질학적인 것이지 화학, 생물학, 천체물리학 분야가 아닙니다. 반면에 화성은 열거한 모든 분야가 관심 대상입니다.

3. 인류가 직접 달에 가서 얻을 수 있는 과학(특히 천체물리학)적 혜택은 그곳에 가기 위해 드는 비용에 비하면 미약할 것입니다. 최근 이러한 주제를 상세히 탐구하고 논의하는 워크숍에 참석했었는데, 워크숍의 제목은 "달로 돌아감으로써 가능해지는 천체물리학Astrophysics Enabled by the Return to the Moon"이었습니다. 이 제목을 구글에서 검색해보시면 상세한 내용이 나올 텐데요. 달의 먼 쪽에(참고로 '영원히 어두운 면'은 없습니다) 설치하는 전파망원경이 목록의 상위에 올라 있고, 그 밖에 몇몇 흥미로운 프로젝트들이 사람들의 관심을 끌었죠. 그러나 우리가 탐사 임무를 수행하는 이유는 그것을 할 수 있기 때문이지 우선순위로 삼았기 때문이 아닙니다. 그리고 천체물리학 분야가 얻을 수 있는 가장 큰 수확은 (달 표면 활동과 직접적인 관련이 없는) 우주 기반의 구조물에 관한 접근일 것입니다.

4. 여기에서 화성에 존재하는 액체 상태의 물에 관한 증거는 중요하지 않습니다. 그 증거가 어떤 결론을 가리키고 있으며, 그것으로 향후 탐사의 정당성을 확보했다는 것만으로

도 충분합니다. 그 증거가 사실이라면, 알다시피 화성 위에 생명 활동이 있을 확률이 기하급수적으로 증가하니까요.

달을 사랑하는 당신의 마음은 존중합니다만, 그 깊은 애정이 다양한 분야의 과학자들이 세운 달의 과학적 관심 순위를 바꿀 수는 없을 겁니다.

다시 한번, 관심 가져주셔서 감사합니다.

– 닐 디그래스 타이슨

우리는 과학에 완전 꽝이다

2012년 7월 5일 목요일
AMNH• 앞으로 온 메일

저는 어제 독립기념일에 닐 디그래스 타이슨의 트윗을 읽고 매우 슬펐습니다.

• The American Museum of Natural History, 뉴욕시에 위치한 미국 자연사박물관.

On the day we reserve to tell ourselves America is great - July 4 - Europe reminds us that we suck at science. #HiggsBoson

10:39 AM · Jul 4, 2012 · TweetDeck

9.6K Retweets **1.8K** Likes

미국은 위대하다고 우리 자신에게 말할 자격이 있는 날인 오늘 7월 4일에,
유럽은 우리가 과학에 꽝이라는 사실을 일깨워주었다.
#힉스보손

타이슨은 미국과 전 세계의 과학을 위해 헌신하고 있으며, 심지어 스스로 과학의 대변인으로 나서고 있습니다. 그래서 농담처럼 던진 이 말이 마치 과학의 대변인이 과학자들의 나라를 조롱하고 비웃는 것처럼 보여 실망스럽습니다. 특히 그가 박물관이라는 공공기관에서 봉사하고 있음을 감안하면 더욱 그렇습니다. 개인 계정에 올라온 것이라 하더라도, 그가 관장으로 있는 미국 자연사박물관을 대표하는 의견이 되어서는 안 될 것입니다.

제 우려에 답해주시면 감사하겠습니다.

– 제프 프로바인

프로바인 씨께

우려의 말씀 감사합니다. 제기하신 문제에 대해 제 나름의 몇 가지 의견을 가지고 있습니다. 사적인 편지이니만큼 솔직해지려고 합니다. 그러니 껄끄럽게 받아들이지 마시고 새로운 견해로 봐주시기 바랍니다.

1. 세계 무대에서 미국의 STEM(과학Science, 기술Technology, 공학Engineering, 수학Mathematics을 통틀어 일컫는 말—옮긴이 주) 분야의 성과를 보여주는 모든 지표를 보면, 산업화된 국가 가운데 미국은 하위 10%에 속합니다. 또 과학적 발견이 자신의 정치적 성향 그리고/또는 종교와 충돌할 때 이를 부정하는 유권자의 비율은 50%에 육박합니다. 따라서 미국 과학의 위상을 제가 잘못 전달했다는 식으로 말씀하시는 것은 옳지 않습니다.

2. 이 트윗의 배경이 되는 이야기는, 아마 제 글을 꾸준히 읽어온 분들은 잘 아실 겁니다. 1980년대에 우리는 초전도 초충돌기Superconducting Super-collider 제작에 착수했었습니다. 이 장치는 오늘날 모든 물리학계의 뉴스 헤드라인을 쏟아내고 있는 스위스의 거대 강입자충돌기보다 3배 더 높은 에너지로 가동되도록 설계되었습니다. 하지만 1990년대 초 의회는 이 프로젝트를 완전히 중단시켰고, 미국의 입자물리학은 절름발이가 되었습니다. 그래서 미국이 이 세계적인 뉴스에 리더가 아닌 구경꾼이 된 것입니다. 이러한

배경이 이 트윗의 영향력을 배가시켰습니다.

3. 당신은 제 트윗이 미국의 과학이나 과학 교육 또는 AMNH 자체에 어떤 식으로든 피해를 주었다고 생각하시는 것 같습니다. 그런 생각의 바탕에는 다른 사람들도 문제의 트윗에 대하여 당신과 똑같이 느낀다는 가정이 일부 깔려 있을 것입니다. 그러나 그 부분에 대해서는 정확한 데이터가 있습니다. 트위터에 올라오는 모든 트윗은 답글, 반응, 리트윗 등 완전한 이력을 갖추고 있습니다. 말씀하신 그 트윗은 올린 지 12시간 안에 약 1만 2,000회 리트윗되었습니다. 지난 3년간 제가 올린 약 2,700건의 트윗 가운데 압도적으로 많은 리트윗 횟수를 기록한 것이죠. (2위의 3배에 육박하는 횟수였습니다.) 그 반향은 상당히 컸고, 지금도 계속되고 있으며, 당신이 우려하는 그런 일은 일어나지 않았습니다.

4. 제가 이렇게 조목조목 해명하는 것은 미국에 대한 당신의 깊은 염려와 애정을 무시해서가 아닙니다. 다만 당신의 감정이 모든 이들을 대표하지는 않습니다. 저로서는 일부를 만족시키려 제 노선을 바꿔야 하는 것인지, 아니면 더 많은 이들을 만족시키고 그들이 과학을 알아가도록 이끄는 지금의 노력을 계속해야 하는지를 고민하는 처지에 있습니다.

5. 물론 이 세상의 옳고 그름이 인기투표로 정해지는 것은 아닙니다. 원칙은 지지자의 수와 상관없이 중요하고 또 중요한 것입니다. 그러나 저는 원칙을 위반한 적은 전혀 없다고 강하게 주장합니다. 내가 한 말을 수정하거나, 철회하거나, 사과해야 할 경우는 내 말이 틀렸거나, 오해의 소지가 있거나, 중상모략일 경우에 한합니다. 그러나 국가의 개선을 위해 행동을 요구하는 중대한 진실을 담고 있는 말(트윗)에 대해서는 그렇지 않습니다.

-닐 디그래스 타이슨 올림

나는 돈을 내지 않을 거야!

2008년 5월 16일 금요일

RNASA• 관계자들에게 보내는 이메일

• 로터리내셔널어워드Rotary National Award for Space Achievement는 미국 유인 우주 개발 프로그램의 산실인 텍사스주 휴스턴에서 매년 공식 만찬을 통해 수여되는 상이다. 이 편지를 보낸 사람은 시상식에 참석하지는 않았지만 온라인으로 내 수상 소감을 시청했다.

나는 닐 디그래스 타이슨 박사의 수상 소감 연설의 모든 순간이 다 싫었습니다. 나는 그를 좋아하고 과학 방송 프로그램에 나오는 것도 즐겨 보지만, 그가 우주 개발 프로그램의 기금을 모으는 방법이 싫습니다.

만일 우주 탐사가 그렇게 위대하고 득이 되는 일이라면, 나한테 억지로 돈(세금)을 뜯어가지 않고서도 할 수 있는 것 아닙니까? 왜 혁신을 가지고 설득하지 못하고 사회주의식 프로그램처럼 구는 겁니까?

타이슨은 토성으로 향하는 무인 탐사선 '카시니'의 비용을 위해 모든 미국인들이 립밤을 사는 돈 정도만 부담하면 된다고 하더군요. 만일 그렇다면 당신들이 아무리 그 변변찮은 우주선에 돈을 내라고 강요하더라도, 나는 립밤을 사는 쪽을 택하겠습니다. 립밤을 포기할 마음이 있는 사람은 '자발적으로' 우주여행에 돈을 내겠죠. 그러니 나한테는 돈 내란 얘기 하지 마세요! 자발적으로 돈을 낸 사람과 기업들에게만 NASA가 공짜로, 혁신적인, 최첨단 도움을 주면 되지 않습니까.

사회주의적 수단을 동원하고, 사람들에게 억지로 돈을 뜯어내서 기금을 마련하는 우주 탐사를 한다고 과연 이 나라가 옹호할 가치가 있는 나라가 될 수 있을까요? 그런 멍청한 짓거리는 이 나라를 버리기 딱 좋은 나라로 만드는 것입니다. 그것은 '자유'라는 가치와도 반대되는 일입니다.

중국이나 유럽의 일부 국가들과 우리의 혁신을 비교하다니,

우리가 그런 나라처럼 되고 싶은 것입니까? 그들처럼 사회주의자와 공산주의자가 되려는 것입니까?

미국이 위대해진 이유는 사회주의와 거대 정부 때문이 아닙니다. 거대 정부와 사회주의에도 불구하고 우리가 상대적으로 자유를 수호하기 때문에 위대한 국가가 된 것입니다. 지금 이 나라를 망치고 있는 것은 자유가 아닙니다. 지금 우리를 망치고 있는 것은 거대 정부와 사회주의입니다. 그리고 타이슨 박사와 같은 사회주의자들, 자기 장난감을 만들자고 내 돈을 더 많이 뜯어내고 훔쳐갈 수 있도록 정부를 압박하는 그런 사람들입니다. 이들이 우리를 망치고 있습니다.

만일 미국에 사는 멍청이들이 스페인어 사용자들에게 영어를 가르치는 프로그램의 기금 마련을 위해 '당신'에게서 세금을 훔치는 게 좋겠다고 결정한다면 어떨 것 같습니까? 그 사람들이 스페인어와 영어를 둘 다 말하는 법을 배우는 게 우리 모두에게 좋다는 수만 가지 이유를 들면서 주장한다면 어떻겠냐는 말입니다. 썩 기분이 좋진 않겠죠. 안 그래요? **그게 바로 내가 우주 탐사에 대해 느끼는 기분입니다!**

나는 우주 탐사를 좋아합니다. 뭐, 아마 좋은 일이겠죠. 나한테 돈을 내라고 강요하지만 않는다면요.

– 애덤 더크마트

더크마트 씨께

먼저 지난 4월 휴스턴에서 열린 스페이스 커뮤니케이터 어워드에서 저의 수상 소감 연설을 지켜봐주신 데 감사드립니다. 그리고 우주 탐사 분야의 정부 지출에 대해 열정적인 견해를 공유해주셔서 고맙습니다.

당신은 미국의 우주 개발 프로그램이 당신처럼 무관심한 미국인들에게 강요된, 이른바 세금에 기반한 사회주의의 산물이라고 주장하고 있습니다. 그러나 과세 제도 자체도 사회주의의 한 형태입니다. 따라서 우주 탐사에만 항의하실 것이 아니라 미국립과학재단, 미국립보건원, 질병관리본부에 지원되는 연구 기금도 비난하셔야 할 것입니다. 그런 측면에서 본다면 국립공원관리청, 스미스소니언협회, 국립 문학지원기구나 공립학교 제도 역시 사회주의 프로그램이겠죠. 군사 부문과 (이제는 더 이상 전쟁 채권을 판매하고 있지 않으니까요) 경찰 기관도 그렇고요. 환경보호국, 재향군인회, 고속도로와 공항 같은 기반시설도 빼놓지 말도록 합시다.

결국 미국이라는 나라는 법률 제정인들을 통해 주민들의 가치를 포착하고 이를 지출로서 표현하는 포트폴리오인 것입니다.

만일 우리가 서류의 항목에 일일이 체크를 하고, 체크된 항목에만 세금을 지급한다면 참 흥미로운 실험이 될 겁니다(사실 이것은 매년 예산 주기 때마다 의원들이 의회에서 하는 일이지만, 개인 자격으로서가 아니라 주민들을 대표해 하는 일이죠). 그리고 이 나라는 다수가 지배하는 민주주의 체제가 아니라고 가정합시다. 당신은 NASA 체크박스에 체크를 하지 않는 겁니다. 그러면 무슨 일이 일어날까요? 세금에 반대하는 동료 시민들이 당신의 집에 찾아와 우주 프로그램에 의해 정보를 얻고, 영감을 받고, 영향을 받고, 발명되고 개발된 모든 것을 들고 나올까요?

그러면 다음과 같은 아주 흥미로운 리얼리티 쇼가 펼쳐질 겁니다.

* 당신이 사용하는 전자제품의 집적회로들이 사라집니다.
* 케이블 방송에서 일기예보 채널이 사라집니다.
* 태풍, 허리케인, 토네이도의 발달 상황을 추적하는 위성 지도(뉴스에서 볼 수 있는)를 알지 못하게 됩니다.
* 당신 차 안의 GPS 시스템이 사라집니다(다시 종이 지도책을 사야 할 시간입니다. 파는 사람을 찾을 수 있다면요).
* 배터리를 사용하는 무선 공구들이 당신의 차고에서 사라집니다.
* 당신이 사랑하는 사람들 중에 유방암을 앓는 이가 있다면 그들 중 몇 명이 사라집니다. 암세포를 발견하는 공간 영상 알고리즘이 그들에게 적용되지 않았을 것이기 때문

입니다.

* 당신 차에 있는, 또는 곧 사게 될 차에 있을 충돌 경고 시스템이 사라집니다.
* 현재 지구를 향해 날아오고 있으며, 2036년 4월 13일 지구에 근접하게 되는 소행성 아포피스에 대한 정보를 얻을 방법이 사라집니다.
* 유럽과 세계 곳곳에서 당신의 TV로 전송되는 모든 위성 뉴스 방송이 사라집니다.
* 금성(현재 섭씨 482도이며 통제 불능 상태의 온실효과를 겪고 있는 별)과 화성(한때는 물이 흘렀지만 지금은 완전히 메마르고 차가워진 별)에서 일어났던 뭔가 좋지 않은 사건에 대한 지식이 사라집니다. 이 별들은 그 자체로 지구온난화를 연구하는 이들에게 유용한 정보를 제공하고 있습니다.
* 당신이 타는 비행기 날개의 기체역학적 효율이 사라집니다. NASA의 'A'가 '항공aeronautics'을 의미한다는 걸 기억하세요.
* 구글 지도를 사용할 수 없게 됩니다.

더 철학적인 차원에서는, 우주 안의 우리의 위치에 대한 지식이 사라집니다. 이는 인간이 문화와 지역, 시간을 초월해 추구하는 유일한 것입니다. 허블망원경, 화성 탐사 로봇 그리고 헤아릴 수 없이 많은 유인 또는 무인 우주선들, 탐사를 위해 지구를 떠난 이런 것들이 모두 우주 안에서 인간이 어떤 존재인지를 알려주고 있습니다.

우주 탐사를 지지하는 다른 사람들은 이런 것들을 접할 수 있을 것입니다. 하지만 당신은 아니죠. 그게 다 당신이 매년 내는 세금 중 1달러당 0.6센트를 할애하지 않기 때문입니다. 그리고 그 0.6센트가 NASA에 할당되는 전부입니다. 그것이 당신이 우주에 다가가는 비용이고, 당신이 기를 쓰고 삭감시키려는 돈입니다.

우주는 당신에게 얼마의 가치를 가지고 있습니까?

– 닐 디그래스 타이슨

기독교인들을 사자에게 먹이로 던져주겠다고?

2005년 12월, 독실한 기독교 신자인 로버트는 일반적인 과학적 발견 내용, 특히 다윈의 진화론이 성서와 충돌할 때마다 문제로 삼았다. 그는 과학자들이 종교인들을 적으로 간주하고 있으며, 만일 과학자들이 권력을 갖게 되면 종교인들을 모두 사자 먹이로 던져줄 거라고 확신하고 있었다. 나는 그가 반쯤은 진지했다고 생각한다. 나는 그에게 그가 지적한 요점들에 대해 길고 일관성

있는 답변을 보냈다.

로버트에게

생물학은 진화론의 관점으로 보지 않으면 그 어떤 것도 앞뒤가 맞는 것이 없습니다.• 현대에 이르러 다른 종들과의 관계 안에서의 인간 종의 미래를 연구하는 생명공학산업과 관련 사업 부문들은 날로 번성하며 성장하고 있습니다. 이런 가운데 당신이 "나는 진화론을 믿지 않아요. 우리는 모두 특별하게 창조되었다고 생각합니다"라고 말한다면, 당신이 취업에 계속 실패하는 까닭을 납득해야만 합니다.

과학자가 되려는 게 아니면 아마 상관없을 겁니다. 과학과 관련 없는 직업도 수없이 많이 있으니까요. 하지만 앞서 말했듯이 신흥 경제는 과학과 기술을 동력으로 발전하고 있으며, 그 최전선의 중심에는 생명공학이 있습니다. 만일 당신이 옛날에 아담과 이브가 살았다고 주장한다면, 그 안으로 들어가는 문을 통과하지 못할 겁니다.

새로운 발견을 위해 생물학, 화학, 물리학, 지질학, 천체물리학의 실용적 지식을 요구하는 산업 분야에서는 직

• 이 말은 우크라이나 태생의 미국인 유전학자 테오도시우스 도브잔스키(1900~1975)가 한 말인데, 그는 동시에 독실한 동방정교회 신자이기도 했다.

업 선택의 기회가 더 적을 겁니다. 물론 다른 분야에서 일자리를 얻지 못할 이유는 없습니다. 그러나 안타깝게도 오늘날 생명공학이나 보건학 같은 분야가 향후 경제 성장을 주도하리라는 것이 여러 지표를 통해 확인되고 있으므로, 아마도 당신은 이에 따르는 경제적 혜택을 누리지 못할 것입니다.

퓨 리서치센터•에서 미국 전역을 대상으로 실시한 여론조사 결과를 보면 국민 중 50%는 신이 창조한 인간의 원형으로서 아담과 이브가 존재했다고 믿고, 90%는 그들의 기도를 들어주는 개인적인 신을 믿습니다. 그러니 대중에게 낙인이 찍힐 거라는 당신의 생각은 아무 근거가 없는 것이죠.

내가 관용과 다양성을 찬양한다는 당신의 가정은 정확합니다. 특히 문화, 언어, 전통 등에 그러하죠. 그러나 제가 성경 말씀을 문자 그대로 사실이라고 받아들이는 일부 기독교인들에게까지 관용을 베풀어야 할까요? 주장의 검증에 관한 문제라면(이때 그 주장을 누가 하느냐는 전혀 상관이 없습니다), 이는 더 이상 관용이 아닌 '사실'의 문제인 것입니다.

• 데이비드 마스치, "미국의 종교와 과학: 과학자들과 믿음", 퓨 리서치센터, 2009년 11월 5일. http://www.pewforum.org/2009/11/05/scientists-and-belief (accessed Jan. 2019)

예를 들면 성경 어디에도 지구를 3차원 사물로 설명하는 내용이 없습니다. 성경에서 말하는 지구는 평평합니다. 그리고 15세기까지 성경을 바탕으로 제작된 세계지도들은 모두 지구를 그렇게 설명했습니다. 이러한 개념은 문화사의 흐름 안에서 중요하게 다룰 수 있겠지만, 객관적으로 보면 그냥 틀린 것입니다. 원주율도 마찬가지입니다. 성경에서 보면(열왕기 상권 7장) 원주율이 정확히 3이어야만 내용이 맞습니다. 그러나 그렇지 않다는 걸 우리는 잘 알고 있습니다. (그리고 고대 바빌로니아인들도 그랬습니다. 그들은 원주율이 3과 4 사이의 값이라고 계산했죠.) 그러나 성경에 π=3이라고 쓰여 있다고 해서 π가 3인 것은 아닙니다. 이 명제는 객관적으로 틀렸고, 따라서 이는 견해의 문제로 따질 일이 아닙니다. 성경에 π=3이고 지구는 평평한 원반이라고 썼던 사람들은 역사적 관심의 대상이며, 역사와 철학, 종교를 공부하는 교실에서 연구할 가치가 있습니다. 그러나 과학 분야에서는 아무런 가치가 없는 내용이죠. 과학의 목표는 견해와 무관하게 존재하는 우주의 진실을 찾는 것이니까요.

나를 포함해서 내가 아는 그 누구도, 기독교인들을 사자의 먹이로 던져주려는 의도는 없습니다. 다만 과학 교실에서 종교를 몰아내려는 의도가 있죠. 그건 그렇고, 과학자들 사이에서는 주일학교 교사들에게 이러저러한 것을 가르치라며 주먹을 휘두르는 전통은 없습니다. 과학자들은 교회 밖에서 피켓을 들고 시위를 하지도 않고, 교회에 들어가는 사람을 총으로 쏘지도 않습니다. 과학자들은 설교 도중에 설교자들에게 야유를 퍼붓는 일도 하지 않습니다. 아, 그리고 (서구 사회에서) 전체 과학자 중 거의 절반이 종교를 가지고 있고 유일신에게 기도를 합니다.

당신은 또한 내가 종교를 가지고 있다며 '비난'했습니다. 과학과 인본주의를 추종하는 종교를 숭배한다는 것이었죠. 사실 나는 불가지론자•입니다. 하지만 당신이 말한 '종교'의 의미를 잘 모르겠습니다. 정확한 정의를 찾아보도록 하죠. 나는 의미 해석을 놓고 따지기보다는 아이디어 자체에 대해 논쟁하는 쪽을 좋아합니다.

웹스터에서 찾아보니 다음과 같이 나옵니다.

> 종교: (명사) 힘을 통제하는 초인적인 존재, 특히 유일신 또는 신들에 대한 믿음 또는 숭배.

이 정의를 바탕으로 볼 때, 내가 과학을 종교로 추종한

• 불가지론a-gnostic은 19세기 박물학자인 토머스 헨리 헉슬리가 만든 말로, 신을 믿는 것도 그렇다고 안 믿는 것도 아니라고 주장하는 사람을 지칭한다. 오늘날 이 말은 신이 존재할 가능성을 허용하지만 여전히 회의적 태도를 유지하는 사람을 가리키는 말로 사용된다.

다고 생각하신다면 당신은 과학이 무엇인지, 과학이 어떻게, 왜 작동하는지를 전혀 모르고 있는 것입니다. 과학이 성공을 거둔 이유는 과학이 자연에 대한 영적 접근법이 아닌 경험적 접근법이기 때문이니까요.

당신은 우리 둘 중 누구도 우리의 종교적 믿음을 증명할 수 없다고 선언하고 있습니다. 하지만 나는 지구가, 달이, 별이, 우주가 어떻게 생겼는지 알고, 화학 원소들의 기원 그리고 지구와 우주의 나이도 알 수 있고, 또 알고 있습니다. 또 화석 기록을 통해 종들의 소멸 과정도 알고, 지구에 미친 소행성의 효과도 압니다. 그리고 지구상의 생물들이 가진 유전적 공통점과 침팬지와 인간 사이의 유전학적 근사성 그리고 이 세상에 관한 수없이 많은 객관적 사실들을 알고 있습니다. 따라서 당신의 명제는 틀린 것이고 과학의 절차와 발견의 본질에 대한 교육이 부족했음을 보여주는 것입니다. 이는 사실 한 개인의 잘못은 아닙니다. 당신에게 생각하는 방법과 생각할 대상을 구분하는 법을 제대로 가르치지 않은 선생님들의 잘못으로 거슬러 올라갈 수 있겠죠.

교육에 대해 말하자면, 나는 공교육에서 종교를 가르쳐야 한다고 생각합니다. 종교는 문명사회에서 부인할 수 없는 중요한 역할을 담당하고 있으니까요. 그러나 앞서 말한 다양성에 대한 나의 믿음에 부응하려면, 종교 수업에서는 철학과 신념 체계를 갖춘 이 세상 모든 종교를 전부 다 다루어야 한다고 생각합니다. 하지만 내가 아는 바로는 이런 강의는 역사적으로 한 종교가 다른 종교를 용인하지 않고 배척했기 때문에 없어진 것으로 압니다. 그래서 종교 교육이 토요일이나 일요일에 종교 기관에 한정해 진행되고, 각 가정의 책임으로 남겨진 것입니다. 그리고 따지고 보면 그 편이 더 잘 된 것 같기도 하고요.

나는 당신에게 개방적이고 솔직담백하게 대했다고 생각합니다. 그러나 당신은 내 태도를 기독교에 대한 개인적 공격으로 받아들였습니다. 사실 이는 미국 내 과학 문맹의 현실을 보여주는 것이지요.

다시 한번 관심 가져주신 데 감사드립니다. 내 말은 진심이며, 내가 이 답장을 쓰는 데 들인 시간으로서 나의 진심이 증명되었기를 바랍니다.

- 닐 디그래스 타이슨

5 과학의 부정

Science Denial

어떤 사람들은 과학자들을 싫어한다.
어떤 사람들은 과학이 우리 사회의 비도덕적이고
정치적인 권력이라고 생각한다.
어떤 사람들은 과학이 과대평가되어 있으며
우쭐대는 연구자들이 만연해 있다고 생각한다.
어떤 사람들은 단순히 진실이 무엇인지를 탐구한다.
이 장에서는 그들의 사례를 다룰 것이다.

중학생의 회의주의

2007년 4월 1일 일요일

타이슨 박사님께

저는 중학생입니다. 얼마 전 지구온난화에 회의적인 과학자들이 나오는 동영상을 우연히 봤어요.

제가 궁금한 건 이렇습니다. 박사님은 인간이 초래한 지구온난화가 사실이고, 계속 탐구할 가치가 있다고 생각하시나요?

시간 내주셔서 감사합니다.

-레이 바트라

레이에게

새로운 연구 결과를 반대하는 과학자들은 언제나 있었습니다. 가장 중요한 것은 동료 심사를 거쳐 공개된 데이터와 그 데이터가 가리키는 연구의 경향입니다. 나는 학생이 언급한 비디오를 알고 있습니다. 그 동영상에서는 인간에 의해 발생한 지구온난화에 반대하는 선도적 과학자들 대여섯 명과 정치가를 포함한 비과학자 다수를 인터뷰하죠.

원칙적으로 반대 견해에는 잘못된 게 없습니다. 그러나 지구온난화가 미치는 정치적, 경제적 영향력 때문에 그런 유의 과학자들을 앞세우는 동영상을 제작하는 곳으로 자금이 쉽게 흘러들어갑니다. 그 사람들 중 하나가 발표한 글을 읽어봤는데, 그는 기후학자는 맞지만 기후 변화 분야를 전공한 사람은 아니었습니다. 기후 변화에 대하여 반대 견해를 주장하는 그의 글은 대개 신문 칼럼으로 발표되었고, 동료 심사를 거치지도 않았습니다.

그의 글을 NASA의 제임스 핸슨이 발표한 논문들과 비교하면 누가 더 이 문제에 근접해 있는지는 아예 경쟁조차

되지 않습니다. 그 글을 단순히 기후가 아닌 기후 변화를 연구하는 과학자들이 쓰고 제대로 동료 검토를 거친 수많은 논문과 연결해 살펴봐도 의미 있는 사례가 만들어지지 않습니다. 반대론자들은 눈에 잘 띄지만, 그들에게는 데이터가 없고 인용하는 데이터도 입맛에 맞게 선별한 것입니다.

과학자들도 모두 인간이고, 인간으로서의 약점과 편견과 감정을 가지고 있습니다. 그렇기 때문에 과학에서 진실을 가리는 주요한 잣대는 데이터이지 열의에 찬 과학자들의 증언이 아닌 것입니다.

– 닐 디그래스 타이슨 올림

득보다 실이 많은?

2009년 3월 19일 목요일

타이슨 씨

인간의 과학적 지식 추구는 이 행성에 사는 생명들에게 득이 더 많았을까요? 아니면 실이 더 많았을까요?

먼저 박사님 같은 과학자나 과학적 지식을 추구하는 행위를 공격하려는 의도가 아님을 분명히 밝혀두고 싶습니다. 저는 과학을 지지하며 오늘날 과학이 우리에게 해를 끼치기보다는 도움이 된 경우가 더 많다고 믿고 있습니다.

제 질문은 우리가, 인간으로서, 궁극적으로는 과학이라는 범주에 속하는 행동을 통해 우리가 사는 행성에 치명적인 위해를 가하고 있지는 않은가 하는 것입니다. 화약, 화석연료, 내연기관, 핵무기와 같은 과학적 공헌들이 지구상의 생명체에 미친 영향을 생각하면 말입니다.

우리가 대초원을 떠나 기술을 발전시키기 시작하고, 그런 기술로 말미암아 생태학적인 지위를 벗어나 생존할 수 있게 된 것을 고려하면, 어떤 면에서 이는 불가피한 혁신이었을 것이라 생각하고 있습니다.

그러나 박사님이 여느 과학자보다 생각이 깊고 영민한 분인 만큼, 박사님께 혹시 이런 문제를 고민해본 적이 있는지 묻고 싶었습니다. 만일 과거로 시간을 돌릴 수 있다면, 그것이 이 행성을 위해서는 진정으로 더 낫지 않을까요? 우리 인간만이 아니라 모든 생명체들을 위해서요.

어떤 결론이 나든, 현대 사회에서 과학을 전파하는 박사님의 위대한 노고에 감사드립니다. 이전에 우리가 무엇을 했든 간에, 지금 우리에게는 분명히 과학이 필요합니다!

– 마음을 담아, 다칸 아베

아베 씨께

편지 감사합니다. 제 생각엔 과학의 좋은 점을 꼽은 목록이 나쁜 점 목록을 한참 넘어설 것 같습니다. 그러나 중요한 것은 본질적으로 과학은 좋거나 나쁘거나 한 것이 아니라는 점입니다. 과학은 단순히 자연 세계의 작동 원리에 대한 지식의 바탕입니다. 선악의 심판을 받아야 할 대상은 과학의 공학적 응용이죠. 그리고 과학자나 엔지니어를 실질적 권력을 갖는 국가 지도자로 선출하는 나라는 없기 때문에, 그런 선과 악에 자금을 대기 위해 자원을 운용하는 사람들은 정치인입니다. 따라서 당신의 질문은 과학 대신 정치를 대입하여 다시 물어야 할 겁니다.

자연을 통제하는 게 인간만의 고유한 행위는 아닙니다. 비버도 주위 환경을 엄청나게 파괴하죠. 사실 비버의 댐은 주위 생태계를 완전히 바꾸어 놓지만, 우리는 비버의 행위를 수정주의적 관점에서 이렇게 말합니다. "비버의 댐은 모든 야생동물들을 위한 거주지를 창조한다"고요. 메뚜기 떼와 매미 역시 서식지에 불균형을 초래합니다. 그러나 그중 최악은 아마도 40억 년 전, 시아노박테리아(남조류)가 산소를 뿜어내 지구의 대기를 완전히 바꾸어버리면서 생명체가 존재했던 역사상 가장 거대한 환경 붕괴를 만들어냈던 사건일 겁니다. 그 결과 지구 표면에 살던 혐기성 박테리아는 모두 죽어버렸죠.

인간이 초래한 지구의 기후 변화는 (지금으로서는) 멈추는 것이 불가능하지 않습니다. 그리고 그 해결책은 물론 과학과 기술에서, 깨우친 지도자들을 통해 나올 것입니다. 마치 문제가 과학과 기술에서, 근시안적인 지도자들을 통해 발생했듯이 말입니다. 그러나 이런 과정은 전혀 새로운 것은 아닙니다.

우리는 세계의 식량 부족 문제를 해결했습니다.• 19세기 말에는 식량 부족이 거대한 두려움이었습니다. 그게 21세기에는 지구온난화인 것이죠. 또한 1970년대에 (미국에서) 공해 문제가 확인되고 거론된 이후 큰 진전을 이루었습니다. 환경 개선 노력을 감독하기 위해 환경보호국 The Envionmental Protection Agency, EPA이 결성되었고, 현재 미국의 강과 토지, 공기는 산업혁명이 시작된 이래 그 어느 때보다도 깨끗해졌습니다.

많은 이들이 농업과 축산업에서 응용되는 과학이 식량의 영양소나 맛을 앗아갈 것을 걱정했고, 실제로 그런 일이 일어나기도 했습니다. 그래서 오늘날 (미국, 특히 유럽에서) 지역 농산물과 유기농 농장을 향한 거대하고 성공적인 움직임이 이루어지고 있습니다.

• 물론 수백만 명의 사람들, 특히 어린이들은 매년 굶주리고 있다. 그러나 원인을 거슬러 올라가면 나쁜 정치와 무너진 유통 체계 때문이지 식량 부족 때문은 아니다.

그러므로 제게는 당신에게는 없는 확신이 있습니다. 과학은 '간혹' 만들어내는 문제를 스스로 해결할 능력이 있으며, 정치적 그리고 문화적 의지가 뒷받침될 때 해결할 수 있다는 것입니다.

과학의 발전이 없었다면 지금 저는 누군가의 노예였을 것이며, 이 세상 사람의 절반은 다섯 살을 넘길 때까지 생존하지 못했을 것입니다. 게다가 다섯 살을 넘겨 살아남은 사람들의 70%도 농장에서 중노동에 시달리며 늘어만 가는 인구를 먹일 식량을 겨우겨우 생산해내고 있었을 겁니다.

당신의 질문과 관심 그리고 제가 하는 일에 대한 친절한 말씀에 감사드립니다.

-닐 디그래스 타이슨 올림

진화론 대 창조론

2008년 8월 3일 일요일

친애하는 타이슨 박사님께

저는 지금까지 진화론 대 창조론의 교육 현장에서 상당한 갈등이 불거지는 것을 보아왔습니다. 제가 읽은 게 정확하다면, 박사님은 진화론을 믿으시지요(저도 그렇습니다). 하지만 그것이 더 높은 힘 또는 '신'을 믿지 않는다는 의미가 될까요?

저는 제가 믿는 것에 대해 큰 혼란을 느낍니다. 저는 평생을 가톨릭 신앙 안에서 성장했어요. (프란치스코회 여자고등학교와 예수회 재단인 마케트대학교를 나왔습니다.) 그러나 더 높은 힘에 대해서는 심각한 의심을 품고 있습니다. 우리가 모든 것의 위대한 구조 안의 한낱 작은 알갱이일 뿐이라는 게…… 사실은 알갱이만도 못하죠. 그래서 저는 박사님의 생각이 궁금합니다.

제가 금기를 건드린 것이 아니길 바랍니다. 만일 그랬다면 정말로 죄송하고요. 박사님의 답을 기다리겠습니다.

고맙습니다, 박사님.

- 재키 슈와브 올림

슈와브 씨께

더 높은 힘에 대한 당신의 고뇌를 솔직하게 공유해주셔서 감사합니다. 몇 가지 요점을 말하자면…….

진화론은 '믿음'의 대상이 아닙니다. 과학은 증거를 따르죠. 그리고 아이디어를 지지하는 강력한 증거가 있으면 신앙심 깊은 사람들에게 의미가 있는 믿음의 개념은 불필요해집니다. 다시 말해서 잘 정립된 과학은 믿음의 총체가 아니라 검증 가능한 증거에 의해 지지되는 아이디어의 체계입니다.

당신은 제게 해가 뜨는 걸 믿느냐고 묻지 않았죠. 혹은 하늘이 파랗다는 걸 믿느냐고도 묻지 않았습니다. 지구가 달을 위성으로 가지고 있다는 것을 믿느냐고도 묻지 않았습니다. 이런 것들은 논란의 여지가 없는 자연계의 진실이며 여기에서 '믿음'이라는 말은 설 자리가 없습니다. 자연선택에 의한 진화는 현대 생물학에서는 논란거리가 되지 않는 교리입니다. 다시 말해 생물학자들 사이에서는 이견이 없는 내용이죠. 그러나 종교적 근본주의자들이 볼 때 생물학적 진화는 믿음을 바탕으로 하는 신앙 체계에 맞지 않습니다. 그들의 신앙 체계 안에서는 성경을 자연계에 대한 오류 없는 이해로 받아들입니다.

이 믿음은 예컨대 지구의 나이가 1만 년을 넘지 않는다는 주장으로 이어집니다. 지구 전체를 물로 뒤덮었던 진짜 홍수가 있었다는 주장도 있습니다. 하지만 이를 뒷받침할 증거는 없으며, 사실 모든 증거가 이에 반대되는 내용을 보여주고 있죠. 그래서 이렇게 논증에 의해 명백히 오류인 이야기들은 '믿음'의 영역에 남게 되는 것입니다.

관심과 질문에 다시 한번 감사드립니다.

– 닐 디그래스 타이슨 올림

코란의 구절들

2009년 6월 3일 수요일, 무슬림인 타미드 라힘[•]은 내게 과학 다큐멘터리와 다른 프로그램에 자주 등장하면서 왜 코란의 과학을 한 번도 다룬 적이 없는지를 정중히 물었다. 코란에는 상대성이론부터 팽창 우주까지 현대 천체물리학의 특정한 발견을 언급하는 구절들이 많이 포함되어 있다는 것이다. 그는 코란이 1,400여 년 전 무하마드가 쓴 책이라는 점을 고려할 때, 이것이 사실이라면 대단히 특별한 것이라고 지적했다.

> 타미드 라힘 씨, 안녕하세요.
> 편지 감사합니다.
> 이전에 알려지지 않은 사물이나 현상을 종교적 문헌을 바탕으로 예측해낸 사람이 아무도 없다는 사실은, 신성한 예언자들이 넘어야 하는 시험대일 것입니다. 대개는 신앙심 깊은 사람들이 자연 세계에 대해 과학자들이 발견한 내용을 배우고 다시 종교 문헌을 뒤져 알려진 내용과 비슷한 문구를 찾아내는 식인데, 그렇게 추출한 정보는 사

• 요청에 의해 가명을 사용했다.

후에 나온 것이기 때문에 과학 발전에는 쓸모가 없습니다. 만일 코란의 심오한 통찰과 무오류성에 확신을 가지고 계시다면, 당신이 해야 할 일은 향후 연구 대상이 될 만한 과학적 예측을 코란에서 찾아내는 것입니다. 그리고 만일 그중 어느 것이라도 사실로 밝혀진다면 (그렇게 되면 아마 역사상 최초가 될 겁니다) 과학자들은 매일같이 코란을 뒤지며 그 지혜를 갈구할 겁니다.

지금까지 이런 일은 한 번도 없었습니다. 다른 어떤 종교 문헌도 마찬가지죠. 그렇기 때문에 종교 문헌은 과학 교실에서 설 자리가 없는 것입니다. 간혹 신앙심이 아주 깊은 사람들은 과학이 종교 문헌과 충돌한다는 생각이 들 때 과학의 개념과 맞서 싸우면서 과학은 뭔가 잘못되었다고 선언해버립니다.

알려지지 않은 현상에 대한 예측 목록을 코란에서 뽑아보세요. 그러면 저는 기꺼이 거기에 대하여 설명하겠습니다. 그렇게 못 하신다면, 과학과 종교는 서로 할 말이 그렇게 많지 않은 겁니다.

– 닐 디그래스 타이슨 올림

신에 대한 증거

2008년부터 주고받은 긴 서신 교환에서, 앤드류 맥레모어는 신의 우주 창조를 엿볼 수 있는 도구로서의 과학에 그가 품고 있는 열정을 한껏 드러냈다. 그러다 그는 종교적 회의론자들에게 신이 단순한 가능성 이상으로 존재한다는 사실을 확신시키려면 어느 정도 수준의 증거가 필요할지 궁금해졌다.

앤드류에게

종종 나는, 과연 무엇이 신에 대한 증거가 될 수 있을지를 생각하곤 합니다. 만일 소득 수준과 의료 기관에 대한 접근성이라는 변수를 배제했을 때 신앙이 깊은 사람들이 무신론자들보다 더 오래 산다면 어떨까요? 비행기가 추락했는데 신앙심 깊은 사람들만 살아남는다면요? 예수님이 오실 거라고 사람들이 말한 때에 예수님이 진짜로 오신다면 충분한 증거가 될까요? (예수의 재림은 기독교인들에 의해 수백 번 정도 예측이 되었고, 지난 2,000년 동안 전부 다 아무 일 없이 지나갔습니다.)

사람들이 평화를 위해 기도해서 이 세상의 전쟁이 모두 영원히 멈춘다면 어떨까요? 좋은 일은 착한 사람들에게

만 일어나고 나쁜 일은 나쁜 사람들에게만 일어난다면요? 1755년에 그랬던 것처럼, 모든 성인의 날(천국에 있는 모든 성인을 기리는 대축일—옮긴이 주)에 포르투갈 리스본에서 지진이 일어난다면, 그래서 그 운명의 날 아침에 실제로 있었던 일과는 달리 교회에 있던 사람들 말고 교회 밖에 있던 사람들만 죽게 된다면요?

이런 일이 실제로 발생한다면, 신의 존재에 대하여 그리고 신이 자신을 경배하는 사람과 그렇지 않은 사람을 어떻게 달리 대우하는지에 대하여 진지한 (과학적) 대화가 시작될 것입니다.

–닐 디그래스 타이슨 올림

증거는 어디에?

2008년 6월, 로저는 성경의 내용과 충돌하는 과학적 발견, 특히 진화론과 우주의 나이에 대해 진지하게 반대 주장을 펼쳤다. 그는 심지어 나를 거만한 거짓말쟁이라고도 불렀다. 이런 욕설만을 놓고 보면 로저와 주고받은 편지는 이 책의 '혐오 메일' 편에 포함되기에 충분했지만, 근본적으로는 현대과학의 주요한 발견에 이의를 제기한 것이므로, 이곳 '과학의 부정' 편에 끼워 넣게 되었다.

로저

당신은 인간이 기록한 역사를 넘어서는 연대표를 결정하는 연대측정법을 통째로 의심하고 계시는군요. 그런 부정의 근거가 무엇이든 간에, 이 문제에 있어 당신의 지적 깨달음은 크게 중요한 요소는 아닙니다.

여러 연구 그룹이 다양한 방법과 조사 원칙을 적용해 얻은 결과는 다음과 같습니다.

* 운석의 나이는 45억 5,000만 년 ± 1,000만 년입니다.
* 월석의 나이는 45억 5,000만 년 ± 1,000만 년입니다.
* 태양의 나이는 45억 년 ± 1억 년입니다.
* 지구는 지각을 화산에 넣었다 뺐다 하면서 재활용하고 있는데, 그중 가장 오래된 지각의 나이는 40억 년 ± 1,000만 년입니다.

방사성 탄소 연대 측정은 지금까지 수만 년 이상 거슬러 올라가는 연대 측정에 매우 효과적이었고, 한때 생존했던 자료들을 분석하는 데 유용합니다. 따라서 석기시대부터 내려오는 동굴 유물의 연대 측정에 광범위하게 사용됩니다. 그러나 주기율표에 있는 다른 여러 원소의 동위

원소들도 100만 년, 1,000만 년, 1억 년, 심지어는 10억 년 정도의 시간 간격을 측정하는 데 매우 유용합니다.

방사성 원소는 형성되고 난 후 일정 기간이 지나 다른 원소로 붕괴되는 비율을 측정할 수 있습니다. 이렇게 붕괴되어 형성되는 다른 원소를 '딸원소'라고 부릅니다. 샘플에서 딸원소의 비율이 높을수록 샘플은 오래된 것입니다. 아주 간단하죠. 어떤 원소는 다른 원소보다 붕괴되는 속도가 훨씬 더 느려서 더 오랜 연대를 측정하는 데 유용하게 사용됩니다.

태양의 나이를 계산할 때는 태양의 질량과 태양이 에너지를 소비하는 비율을 바탕으로 계산합니다. 이 두 값(태양의 질량과 에너지 소비량)은 간단히 측정할 수 있습니다. 그리고 태양이 수소 원자핵 융합으로 헬륨을 만들면서 에너지를 생산한다는 사실도 계산에 반영되고요.

이 중에 논란이 될 만한 내용은 전혀 없습니다. 그렇다면 우리 모두는 다음과 같은 문제에 직면하게 됩니다. 만일 어떤 사람들이 이 결과들을 불편히 여긴다면, 그것은 '우주는 이러해야 한다'는 기존의 기대와 예상과 충돌하기 때문이라는 사실 말입니다.

당신은 만일 인간이 원숭이에서 진화한 것이라면, 왜 지금의 원숭이는 진화를 멈추고 그냥 원숭이로 남아 있는지 궁금해하셨죠. 자연선택은 진화를 추진합니다. 그리고 진화는 우리 모두에게, 언제나 항상 일어나고 있습니다. 그렇다면 변이 과정은 인간의 생애 주기와 비교해 재생산 주기가 빠른 종에서 가장 잘 보일 것입니다. 생명의 나무에서 박테리아가 차지하는 가지는 거대합니다. (변이 면에서 척추동물과 비교하면 그 규모가 어마어마하죠.) 우리는 박테리아와 바이러스에서 종 분화를 항상 목격합니다. 그중 두드러지는 것이 돼지독감, 에이즈, 레지오넬라 폐렴 등이고요. 새로 분화된 바이러스들은 이전에는 자연계에 존재하지 않았다가, 돌연변이를 통해 새로운 종이 되고, 면역이 없는 생물들을 감염시킬 수 있게 되지요.

모든 종이 항상 진화하는 것은 아닙니다. 예를 들어 실러캔스는 지난 3억 6,000만 년 동안 거의 변하지 않고 성공적으로 생존해온 해저 어류입니다. 투구게는 무려 4억 5,000만 년 전으로 거슬러 올라갑니다. 성공적으로 생존한 종이라면 변화를 이끌 만한 구동력이 없습니다. 한편 포유류는 지난 6,500만 년 동안 드라마틱하게 변화해왔습니다. 물론 '드라마틱하게'라는 의미는 외양에 관한 것이지 생물학적인 관점에서 말하는 것은 아닙니다. 인간은 다른 모든 포유류와 90% 이상 동일한 DNA 구조를 공유합니다. 심지어 쥐와도요.

생명의 나무에는 포유류 중에서도 영장류라고 불리는 가지가 있습니다. 여우원숭이, 원숭이 그리고 인간을 포함한 유인원이 여기에 속합니다. 사람들은 인간이 원숭이에서 진화했다고 생각하지만, 이는 사실이 아닙니다. 우리 모두는 공통의 선조를 가지고 있습니다. 우리와 가장 가까운 유인원은 침팬지입니다. 다시 말해 침팬지와 인간은 상대적으로 그리 오래지 않은 과거에 공통의 조상을 갖고 있었다는 말입니다.

이처럼 인간은 유전적으로 볼 때 이 세상 그 어떤 동물보다도 침팬지와 가깝습니다. 인간이 침팬지와는 완전히 다른 존재라는 당신의 주장과는 달리, 우리와 침팬지는 모든 근육과 뼈 구조가 동일합니다. 심지어 얼굴 표정도 똑같습니다. 무엇보다 중요한 것은 침팬지와 인간의 DNA 구조가 아주 약간의 차이만 있을 뿐 거의 동일하다는 것입니다. 사실 유전적인 측면에서는 아프리카의 원숭이들보다는 침팬지와 인간 사이가 훨씬 더 가깝습니다.

당신에게 이런 이야기를 하는 이유는 제게 보내신 두 통의 이메일이 질문의 형태가 아니었기 때문입니다. 당신은 저에게 보낸 이메일에서 당신이 믿는 출처로부터 얻은 (것 같은) 정보를 사실로 선언하고 있었습니다. 그러나 앞에서도 말했듯이, 당신이 믿는 그 출처는 당신의 과학 이해 능력이나 지적 수준을 그다지 중요하게 여기지 않습니다.

- 닐 디그래스 타이슨 올림

6 철학

Philosophy

가끔은 심오한 질문을 던져야 한다.

외계인 살인

2007년 2월, 마이클 쿠엘라는 우리를 방문한, 우리보다 더 지적인 존재일 수도 있는 외계인을 죽이는 것의 적법성과 도덕성에 대해 질문했다. 아니면 힘으로써 살상을 정당화할 수도 있을까?

안녕하세요, 쿠엘라 씨

제가 도덕률에 관한 전문가는 아닙니다만, 당신의 의문에 대해 의견과 관점을 설명할 수 있어 기쁩니다. 그렇습니다. 우리가 먹을 게 없어 굶주리고 있고 외계인의 고기가 우리 위장에서 소화할 수 있는 식량이 아닌 이상 외계인 살상은 도덕적으로 옳지 않을 것입니다.

지적 수준의 고하를 막론하고, 우리 자신이나 가족의 생존을 도모하기 위한 이유가 아니라면 무언가를 해치는 것은 도덕적으로 옳지 않습니다. 그게 잘못이 아니라고 생각하는 사람이 과연 있을지 상상이 가지 않는군요. 현재 우주법과 관련해서 여러 문헌들이 계속 나오고 있는데 여기에서는 우리를 방문한 외계인을 죽였을 때, 즉 우리 세계의 어떠한 헌법에서도 시민적 권리를 보장받지 못하는 외계인을 죽이는 행위의 의미를 다루고 있습니다.

그뿐만 아니라 "힘으로 정당화하는 것"은 "도덕적으로 옳게 만드는 것"과는 같은 의미는 아닙니다.

우리보다 지적 수준이 높은 종을 죽이는 게 힘들 것임은 분명합니다. 만일 그들이 우리보다 더 지적이라면, 그러니까 우리가 침팬지보다 우월한 정도보다 그들이 우리보다 우월한 정도가 더 크다면, 우리가 원숭이 정글을 발견했을 때 느끼는 두려움만큼도 우리를 두려워하지 않을 것입니다.

그리고 우리의 수준을 비밀로 지키는 것도 매우 어렵겠죠. 우리가 쏜 전파 수다가 70광년 이상 뻗어 지금 이 순간도 멀리멀리 퍼져나가고 있기 때문입니다.

관심 가져주셔서 감사합니다.

– 닐 디그래스 타이슨 올림

과학의 목적

2005년 9월 20일 화요일

타이슨 박사님

저는 고등학교 과학 교사(천체물리와 물리학)이고, 박사님 책의 열렬한 팬입니다.

저는 현재 교육심리학 박사학위 과정도 밟고 있습니다(시카고대학교). 이번 학기에 활발한 토론에 참여하고 있는데 주제는 연구에서의 과학의 역할에 관한 것입니다. 간단히 요약하자면 제 질문은 이렇습니다. "과학이 추구하는 것은 진리인가 아니면 이해/의미인가?" 이 문제에 대한 박사님의 의견을 소중하게 여기겠습니다.

– 맑은 하늘을 기원하며, 케빈 머피 올림

머피 씨께

편지 감사합니다.

저는 20세기의(더불어 21세기에도) 자연과학에 적용된 철학이 영 달갑지가 않았습니다. 그런 철학들은 아이디어를 따지기보다는 단어의 용법과 의미를 가지고 격한 논쟁을 벌였고, 그런 논의들은 대부분 과학의 발전에 무용지물이라는 것을 발견했기 때문입니다.

그래서 저는 단어에 관한 논쟁에 끼어드는 것을 거부하겠습니다. 오히려 과학이 하는 일을 가려 따지고, 당신이 이 활동에 붙이고 싶은 이름을 자유롭게 붙이도록 하겠습니다. 만일 우리가 이 단어에 합의할 수 있다면 좋은 일이지요. 만일 합의에 이르지 못한다 해도 그것이 가리키는 아이디어 자체는 여전히 영향을 받지 않은 채로 남을 겁니다.

일반적으로 과학은 세 가지(진리, 이해, 의미)를 모두 추구한다고 말합니다. 그러나 주로 관여하는 부분은 우주의 작동 원리에 관한 충분한 지식을 얻고 이를 바탕으로 우주의 과거와 미래의 행동에 대해 검증 가능한 예측을 내놓는 것입니다. 컴퓨터 시뮬레이션이 실용적이라면 과거와 미래의 행동을 대체할 수 있겠죠.

높은 정확성과 정밀성으로 자연의 행동을 예측할 수 있다면, 우리는 만족하고 다음 문제로 넘어갈 수 있습니다.

저는 현대 물리학의 주요한 방정식들이 우주의 진리를 표현하고 있다고 말하겠습니다. 우주의 작동 원리에 관한 주요한 아이디어들도 그렇죠. 양자이론, 상대성이론, 진화론, 열역학이론과 같은 진리들은 사물의 행동과 실존하는 현상에 대하여 우리에게 알려줍니다.

"의미"라는 말이 개인적인 차원으로 받아들여지는 일은 별로 없습니다. 사람들이 "의미"라는 말을 사용할 때에는 과학과 과학의 방법 및 도구를 분명하게 배제합니다. 그러나 어떤 새로운 종류의 철학에서는 과학이 사회적/정치적/문화적 문제들과 관련되어 있다고 생각할 수도 있습니다. 예를 들어 당신이 선험적으로 인간의 삶은 성스럽다고 주장한다면, 생명 수호 및 보존과 관련된 결정은 단순한 사유의 문제가 됩니다. 휴가나 가정생활이 사람들의 삶에 의미를 더한다면, 이러한 삶의 특성을 최대화하는 결정을 내리는 데 도움이 되도록 과학의 방법과 도구를 사용할 수 있죠. 이 같은 문제를 포함한 여러 문제들을 놓고 정치가, 종교 지도자, 법률학자들은 비효율적인 논쟁을 벌이고 있습니다.

당신의 학업에 행운을 빕니다. 그리고 좋은 말씀을 해주시고 제 의견에 관심을 가져주신 데 감사드립니다.

- 닐 디그래스 타이슨 올림

어떻게?

2005년 3월 16일 수요일

타이슨 박사님

저는 어젯밤 동료 둘과 함께 박사님의 강연에 참석하는 기쁨을 누렸습니다. '과학과 종교의 수렴'이라는 주제는 지난 몇 년간 신앙인인 동시에 과학자인 저를 매료시켜온 주제였습니다.

종교를 과학의 최전선을 설명하는 수단으로 사용하는 것이 근시안적인 행동이라는 박사님의 주장에 저는 진심으로 동의합니다. 지난 몇 년간 제가 읽은 책들의 공통적인 주제는 ("어떻게"를 설명하는) 과학의 목표와 ("왜"를 설명하는) 종교의 목표가 분리되어야 한다는 것이었습니다. 과학으로 종교의 목표를, 또는 종교로 과학의 목표를 설명하려는 시도는 필연적으로 실패한다는 것이죠.

한 가지 철학적인 말씀을 드리자면, 개인적으로 (유감스럽게도) 과학이 점점 종교에 수렴해가고 있으며 그 이유는 과학이 종교가 되어가고 있기 때문이라고 생각합니다. 과학이 모든 것을 설명할 수 있다는 절대적 믿음(즉 '과학주의Scientism')은 불행히도 스스로 이 새로운 종교를 창조하고 있다는 것을 깨닫지 못하는 이들에 의해 수용되고 있습니다. 이는 정치에서의 세속주의(정치와 종교를 분리하는 주의—옮긴이 주) 원리와도 매우 유사합니다.

답변에 미리 감사드립니다.

– 토머스 E. 다운스 올림

다운스 씨께

"어떻게"와 "왜"를 이렇게 구분하는 것은 신흥 철학과는 공명하는 내용이지만, 사실 이 둘은 명료하게 구분되지 않습니다. 다음의 "왜"는 신앙을 바탕으로 탐구한다면 "신이 그렇게 만들었으니까"라는 만능의 답 외에는 답을 구할 길이 없는 질문입니다.

* 왜 하늘은 파란가?
* 왜 달은 언제나 지구에 같은 면만 보여주는가?
* 왜 금성은 달과 같은 위상 변화를 보여주는가?
* 왜 태양에는 흑점이 있는가?
* 왜 북반구의 허리케인은 반시계 방향으로 회전하는가?
* 태양 에너지는 6월에 지구에 더 직사하는데 왜 8월이 6월보다 더 더운가?

그뿐만 아니라 나는 신앙 기반의 종교철학이 분명하게 답을 규정하는 "왜"라는 질문, 즉 모두가 동의할 수 있는 답을 가진 "왜"라는 질문들을 모은 책은 전혀 알지 못합니다. 만일 믿음이 개인의 영역이라면, 모두가 동의하는 답을 모은 책은 있을 수 없습니다.

활동적인 과학자들은 과학이 모든 것을 설명할 수 있다고 주장하며 돌아다니지 않습니다. 예를 들어 우리 중 누구도 과학이 사랑이나 미움 또는 아름다움, 용기, 비겁함을 설명할 수 있다고 주장하지 않습니다. 그러나 과학이 발전하면서 이런 개념들이 사실상 과학의 실험적 이해의 범위 안으로 들어올 수는 있습니다. 과거에 다루기 매우 까다로웠던 문제들이 그랬던 것처럼요. 이는 당신의 말대로 절대적인 믿음은 아니고, 과학적 방법과 도구가 과거에 거두었던 성과를 바탕으로 한 확신입니다.

믿음이라는 말이 흔히 사용되고 있지만, 믿음에는 실험적 증거가 필요하지 않습니다. 그러므로 과학이 믿음을 바탕으로 하는 절대적인 종교가 되어가고 있다는 주장은 과학계 종사자들이 보기에는 전혀 사실이 아닌, '과학의 일반화'입니다. 제가 볼 때 그런 주장은 "믿음"이라는 말이 경멸의 의미로 사용될 때, 이를 과학에 대한 공격으로 돌려 과학이 종교보다 철학적 심오함이 결핍되어 있다고 도발하려는 의도로 자주 사용되고 있습니다.

다음은 이 내용에 대한 다운스 씨의 답장이다.

박사님

제 말을 오해하지 마시기 바랍니다. 저 자신도 과학자로서 "활동적인 과학자들은 과학이 모든 것을 설명할 수 있다고 주장하며 돌아다니지 않는다"는 것을 잘 알고 있습니다. 그러나 과학이 종교에 대한 공격으로서 제시될 때 대중의 의견은 그런 결론으로 이어지기 마련입니다. (주로 무지의 결과이겠죠.)

과학자들 대부분은 종교에 반기를 들 의도가 없다는 것을 당신도 저만큼이나 잘 아실 것입니다. 그러나 세상에는 종교에 반기를 드는 몇몇이 있고 그로 인한 반발도 일고 있습니다.

두 단어의 정의를 간단히 설명해볼까요. 지면을 아끼기 위해 메리엄 웹스터 사전을 인용합니다.

* 왜: 어떤 원인, 이유 또는 의도에 의해서.
* 어떻게: 어떠한 태도 또는 방식으로. 어느 범위 또는 한계까지.

다운스 씨께

두 단어의 사전적 구분은 철학의 기반으로 삼기에는 너무 불안정합니다. 현대 철학의 주장들이 아이디어 자체의 해석보다는 단어의 정의에 대한 불일치에서 기인하는 경우를 너무나 자주 봐왔습니다.

"왜 하늘은 파란가?"라는 질문은 앞의 정의에서 요구한 것과 마찬가지로 원인을 찾는 질문입니다. 이 질문은 "어떻게"를 써서 고쳐 쓸 수 있을 거라 생각합니다만, 그렇게 하면 문장은 어색해질 것이고 사람들이 현실 세상의 문제를 생각하는 방식대로 표현할 수 없을 겁니다. 그러니까 이런 식이죠. "어떻게 태양에서 오는 백색광이 대기를 통과하면서 파란색으로 바뀌는가?"

누군가는 이렇게 물을 수도 있습니다. "나는 왜 여기에 있는가?" 평범하고 간단한 생각이죠. 그러나 제가 볼 땐 이 질문을 "어떻게"로 바꾸어도 비슷한 효과를 낼 것입니다. "어떻게 생명 없는 물질이 모여서 생명을 갖게 되는가? 어떻게 생명을 가진 물질이 진화하여 호모사피엔스가 되었는가? 어떻게 호모사피엔스의 발전은 지금 여기 나에게로 이어져 내려왔는가?"

여기에서 진짜 문제는 "어떻게" 또는 "왜"가 아니며 문장 첫 단어의 정의와는 관계없는, 질문 그 자체라고 생각합니다. 우리는 과학이 답할 수 있는 이 세상에 관한 질문들을 담은 책을 만들 수 있습니다. 그리고 이 책은 15년마다 두 배씩, 기하급수적으로 계속 커질 것입니다. 모든 과학 분야에서 동료 검토를 거친 연구 논문 발표 비율을 바탕으로 추정할 때 말입니다.

영적인 탐구를 통해 답을 얻을 수 있는 질문의 책이 있습니까? (물론 종교는 지난 수천 년 동안 이 문제에 매달려왔죠.) 만일 그런 책이 존재한다면, 그 책은 얼마나 큽니까? 그 책은 계속 성장합니까? 그 책은 인간의 조건을 깊이 탐색하는 다른 작품들, 이를테면 셰익스피어 전집과 뚜렷하게 구별될 수 있습니까?

그러므로 저는 오늘날 과학이 모든 질문에 답을 할 수 있다고 선언하지는 않겠지만, 그 추세는 상당히 인상적이라고 말할 수 있습니다. 특히 종교가 그동안 모든 문제를 신의 권능으로 설명하려 대부분의 시간을 보냈던 것과 비교하면 더더욱 인상적이죠. 사실 그런 자연 현상들, 이를테면 질병, 허리케인, 행성의 궤도 등은 과학으로 자연스럽게 설명 됩니다. 그럼에도 여전히 수많은 보험계약서에서 자연재해를 "신의 행동"으로 지칭하고 있다는 사실을 주목하십시오.

그뿐만 아니라 종교를 비난하는 사람들은 과학자가 아니라 주로 무신론자라는 사실도 주목하셔야 합니다(물론 일부 무신론자인 과학자도 있기는 하지만, 가장 목소리 큰 무신론자들은 대체로 비과학자입니다). 그럼에도, 현대의 문화에서는 당신의 주장과는 달리 종교가 과학을 공격하는 경우가 그 반대보다 엄청나게 더 많습니다. 최근 조지아주의 어느 학교 이사회는 생물학 교과서에 그 내용을 부인하는 스티커를 붙이려는 시도를 했습니다. 그러나 과학자들이 성경에 그런 식의 부인을 표명하는 스티커를 붙이자고 요청한 사례는 찾아볼 수 없죠.

내가 아는 과학자들 중에서 가장 두드러지게 종교에 반기를 든 과학자는 물리학자인 스티븐 와인버그입니다. 그러나 영적 존재를 극렬히 지지하는 과학자 혹은 저술가인 폴 데이비스나 로버트 재스트로, 존 폴킹혼 같은 사람들에 비하면 수적 열세를 면할 수 없습니다.

그리고 일명 "원숭이 재판"이라 불리는 스콥스 재판에서 과학교사가 패소했다는 사실도 일깨워드리고 싶군요.•

– 닐 디그래스 타이슨 올림

왜?

2009년 어느 날
페이스북에 쓴 글

두 가지 간단한 질문을 드려도 될까요?

• 1925년 7월 고등학교 교사인 존 T. 스콥스는 수업시간에 진화론을 가르쳐 테네시주 법을 위반했다는 죄명으로 기소되었다.

1. 샘 쿡의 팬이십니까?
2. 우리가 왜 여기에 있는지에 대하여, 당신의 솔직한 견해는 무엇입니까?

– 제이슨 해리스

제이슨에게

1. 이제는 샘 쿡의 팬이 아니며, 말랑말랑한 사랑 노래를 불렀던 그 시대의 다른 가수들보다 특별히 더 좋아하지는 않습니다.
2. "왜"에 대해서는 심각하게 생각하지 않습니다. "왜"는 외부의 힘에 의해 정해진 삶의 목적 같은 것을 암시합니다. 나는 그런 목적은 우리 외부가 아니라 우리 내면 깊은 곳에서 정의된 것이라고 늘 생각해왔습니다. 내 인생의 목적은 다른 사람들의 괴로움을 덜어주고 우주에 대한 우리의 이해를 넓히는 것, 그리고 그 길을 따라 사람들을 계몽시키는 것입니다.

– 닐

음과 양

2009년 어느 날
페이스북에서 주고받은 글

이 세상과 우주에 대해 내가 배우고 관찰한 것들은 모두 '음양의 조화'와 잘 들어맞는 것 같습니다. 생물학과 물리학의 여러 사실들부터 이데올로기와 대통령에 이르기까지, 모든 것은 순환 주기를 그리며 흐릅니다. 그러나 우주의 종말에 관한 천체물리학계의 지배적인 견해는 엔트로피법칙을 따르는 것으로 압니다. 무질서가 점점 더 거대해지면서 모든 것이 최대한 퍼지는 것이죠. 이것이 내가 보기에는 음양의 원리를 거스르는 유일한 예인 것 같습니다.

엔트로피법칙에 어긋나는 예가 지금껏 없었다는 점은 이해합니다. 그러나 엔트로피법칙 안에서는 음양의 원리가 작동하는 것 같거든요. 당신도 이런 생각을 해보셨습니까? 이러한 믿음에 걸맞은 우주의 진동이론 같은 것이 있을까요? 당신의 의견이 궁금합니다.

- 리드 타이스

리드에게

음양의 원리를 가지고 언제, 어디에서, 어떤 것이 순환할 지 말할 수 없다면 예측의 근거로서는 아무런 가치도 없습니다. 이와는 별개로, 내가 아는 음양의 원리는 모든 것이 순환하는 것이 아니라 모든 것이 조화를 이룬다는 것입니다. 반대되는 형태, 주제, 개념이 상호적으로, 그러나 서로에게 이로운 긴장을 가지고 조화를 이룬다는 것이죠.

게다가 순환하지 않는 것은 수없이 많습니다. 이제는 국가에서 허가하는 노예는 없습니다. 왕은 한때 전쟁, 문화, 정치에서 권력을 휘둘렀지만 더는 그렇지 않습니다.

화성에는 한때 물이 흐르는 오아시스가 있었습니다. 요즘은 바짝 메말라 있죠. 그리고 화성이 이전 상태로 돌아갈 것이라는 아무 증거도 없습니다. 금성도 마찬가지고요. 현재 금성은 제어가 불가능한 온실효과 때문에 표면 온도가 화씨 900도(섭씨 482도)에 달합니다.

우리는 과거 그 어느 때 살았던 사람들보다도 오래 삽니다. 이러한 기술의 발전과 우리 삶에서 기술이 차지하는 역할의 증대는 거스를 수 없는 추세입니다. 그러니 순환하지 않는 것을 무시하고 순환하는 것만 선택해서 음과 양이 우주의 작동 원리라고 선언할 수는 없습니다.

– 닐

나는 생각한다, 따라서 나는 의심한다

2009년 5월 20일 수요일

타이슨 씨께

철학을 생각하면 늘 마음이 아픕니다. 나는 철학에 다가가고 싶지만, 그럴 때마다 철학의 비과학적인 무미건조함과 공허한 말장난에 늘 거부당하고 맙니다. 사람들은 우주, 의식, 지식의 의미에 대하여 꼭 필요한 실험과 동료 검토도 없이 정확하지도 않은 설명을 내놓으면서 어쩌면 그렇게 자신만만할 수가 있는지 모르겠습니다. 다른 이의 견해를 따지고 논의하면서 그와 똑같이 사실무근인 아이디어를 들먹이는데도 이 철학이라는 분야가 과연 진지한 학문으로서 받아들여질 수 있는 것일까요?

그러나 철학자들은 대부분 지적인 사람들이죠. 심지어 과학자인 철학자도 있습니다. 분명히 이런 지적인 사람들이 그렇게 열심히 생각하는 것이라면, 철학에도 어떤 장점이 있을지도 모르겠습니다. 이것이 나의 딜레마로 이어집니다. 나는 철학과 과학을 조화시킬 방법을 모르겠습니다. 다만 철학은 과학이 아직 설명하지 못한 것을 사유한다고 말할 수 있을 뿐인데, 내가 볼 때 이는 좀 더 느긋하고 모호한 형태의 신학에 불과합니다.

따라서 당신에게 묻습니다. 과학 분야에서 그리고 정신과 우주의 작동 원리를 설명하는 데 있어 철학의 역할은 무엇이라고 생각하십니까?

– 존경을 담아, 대니얼 나르치소 올림

나르치소 씨께

내 감정은 당신의 감정과 대부분 일치합니다. 나는 20세기에 공식적으로 (대학의 철학과를 통해) 교육을 받고 연구를 하는 철학자가 자연계의 이해의 폭을 넓히는 실질적인 성과를 이룬 경우를 아직 보지 못했습니다. 그들은 대개 우주에 대해 데이터나 관측 자료를 확인하지도 않으면서 자신들이 가지고 있는 지식에 꽤나 확신을 가지고 있습니다. 철학자들은 실험실이 없습니다. 망원경도 없습니다. 현미경도 없습니다. 그들에게는 두뇌와 안락의자가 있고, 이것만으로 자연의 작동 원리에 대한 통찰을 얻기에 충분하다는 그릇된 믿음을 가지고 있습니다.

윤리학, 종교철학, 정치철학과 같은 철학의 다른 분야에 대해서는 할 말이 없습니다. 나는 현대물리학의 이전 시대를 살았던 쓸모 있는 철학자들, 이를테면 이마누엘 칸트, 데이비드 흄, 쿠르트 괴델, 버트란드 러셀, 에른스트 마흐를 잃은 것에 슬퍼합니다. 생각해보면 우리의 실험이 더 이상은 일반 상식이라 부를 수 없는 우주의 숨겨진 측면을 드러내게 되면서 철학이 조금씩 쓸모를 잃게 된 것은 우연이 아닙니다. 상대성이론과 양자역학이 그 예가 될 것입니다.

'의미의 의미'에 관한 철학자의 담화가 다음에 우리가 발견할 새로운 우주에 대하여 유용한 통찰을 더하게 될 그날, 나는 기쁜 마음으로 나의 견해를 수정하겠습니다.

최선을 기원합니다.

－닐 디그래스 타이슨 올림

너 자신을 표현하라

2014년경

미국 우편집중국을 통해 온 편지

닐 디그래스 타이슨 귀하

선생님을 히스토리 채널과 디스커버리 채널에서 보았고, 선생님의 책도 사서 읽었습니다. 그리고 심야 라디오 방송 〈코스트 투 코스트〉에 나오시는 것도 들었습니다.

이렇게 여러 곳에서 선생님을 접하면서 계속 한 가지 생각이

들더군요. 선생님이 사람들과 소통하는 방식, 자신의 생각을 표현하고 정보를 전달하는 모습을 보면서 궁금해졌습니다.

선생님은 그렇게 효과적으로 남들과 소통하는 법을 누구한테, 어디에서, 어떻게 배우셨나요. 저에게는 정보가 많습니다(제 머릿속에요). 그리고 그것을 효과적으로 표현하는 데 어려움을 겪고 있습니다. 선생님은 사람들이 읽거나 듣는 동안 떠올릴 수 있는 질문을 예측하시는 것 같습니다. 그러고 나서 그 질문에 바로 다음 문장이나 문단으로 대답을 하는 거죠. 그런 선견지명을 저도 배우고 싶습니다.

편의를 위해 반송 봉투를 동봉합니다. 봉투의 번호와 호실 번호는 제가 수감되어 있는 텍사스 교도소의 주소입니다.

감사합니다.

– 데이비드 스웨임, #1436288, 아이오와 파크, 텍사스

스웨임 씨께

소통을 위한 저의 노력에 대하여 친절히 말씀해주셔서 감사합니다.

제 교육철학은 상당히 단순합니다. 당신에게 등을 돌리고, 학생들 앞에 놓인 칠판 위에 뭔가를 쓰면서 계속 웅얼거리는 교수를 생각해보세요. 학생으로서, 특히 대학에 다니는 학생이라면, 배움은 당신의 책임입니다. 당신은

배우기 위해 돈을 내고 있습니다. 따라서 대부분의 경우 교수의 전달 방법에서 부족한 명료함 또는 열정을 당신의 학습 능력으로 보충해야 할 겁니다. 그것이 강의입니다.

이제 교실 앞에서 당신을 마주보고 있는 교수를 생각해 봅시다. 교수는 학생들과 눈을 마주치고, 시간과 에너지를 들여 학생들이 무슨 생각을 할지 고민합니다. 그는 당신의 관심 범위가 확장되는 것에 관심을 갖습니다. 그는 당신이 어떤 어휘, 개념을 잘 아는지 아니면 혼란스러워하는지를 잘 파악하고 있습니다. 그는 학생들의 인구 통계적 특성을 잘 압니다. 나이, 성별, 국적, 민족성, 정치적 성향, 문화적 성향을 비롯해 그 학생이 잘 웃는지 혹은 잘 우는지도요. 그는 대중문화에도 능통하고 강의 주제를 전달하는 데 도움이 될 만한 자료들을 이용해 쉬운 인용과 비유를 제시합니다. 그는 당신에게 강의만 하는 것이 아닙니다. 그 교수는 그 순간 학생들에게 맞춤한 전달의 통로를 열어준 것입니다. 그것이 소통입니다.

그런 식으로 사람들은 누군가의 생각을 보고 느끼며, 그런 소통을 통해 자신의 호기심을 충족합니다.

제가 쓴 책들은 적어도 두 명의 편집자의 손을 거칩니다. 그들은 대학에서 영문학을 전공했고 정확한 언어를 다루는 사람들입니다. 제 책 중 한 권에서 "내가 의도한 것을 말하고 내가 말한 것을 의도하도록" 도와준 데 대해

편집자에게 감사를 표하기도 했죠.

그러므로 지름길은 없습니다. 그러나 이 과제를 완수하고 나면 사람들은 당신에게 다가와 "당신은 소통에 타고났군요"라고 말할 것이고, 그때 당신은 스스로 해냈다는 걸 알게 될 겁니다.

-닐 디그래스 타이슨 올림

III
파토스

우리 안에 이미 존재하는
감정에 대한 명백한 호소

7 삶과 죽음

Life and Death

사는 일은 결코 쉽지 않다.
심지어 죽음은 더 어렵다.

홀브룩을 기억하며

《뉴욕타임스》 헤드라인:
"리처드 C. 홀브룩, 1941~2010: 외교와 위기에 능했던 강한 미국의 목소리"

2010년 12월 16일 목요일
《뉴욕타임스》에 기고한 글

편집자님께

2000년에 리처드 홀브룩 대사를 만나 새로 개장한 로즈 지구 우주관과 헤이든 플라네타리움 천문관의 개인 투어를 안내한 적이 있었습니다. 그때 나는 그가 우주에 대해 깊고 넓은 호기심을 가지고 있음을 알아챘습니다.

진정한 과학 문해 능력은 무엇을 아느냐보다는 정확한 질문을 하기 위해 뇌를 어떻게 효율적으로 연결시키느냐와 더 관련이 있습니다. 투어가 끝날 무렵 그는 브라운대학교 학부 시절에 물리학을 공부하다가 정치학으로 전과했었다고 말하더군요.

나는 외교관으로 일할 때, 특히 긴장이 고조된 전쟁 지역에서 평화 협정의 협상을 이끌 때, 물리학을 공부했던 경험이 영향을 미쳤는지 묻지 않을 수 없었습니다.

그는 단호히 "그렇다"고 대답했습니다. 문제 또는 현상의 근본 원인을 찾기 위해 군더더기를 제거하고 핵심을 면밀히 조사하는 과정에서 물리학에서 영감을 받은 접근법을 활용했다는 것입니다.

문제의 핵심에 도달하기 위해서는 주변부의 세세한 부분들을 언제, 또 얼마만큼 무시해야 하는지를 가늠할 수 있어야 합니다. 까다로운 문제를 다룰 때 그런 세부사항들은 자칫 중요한 것이라는 착각을 불러일으키지만, 결국에는 문제의 해결책과는 아무 상관없는 부수적인 것들로 밝혀지는 경우가 많습니다.

홀브룩 씨의 삶은 과학 문해 능력을 갖춘 평화 협상자들의 살아 있는 보증이었습니다.

– 뉴욕에서, 닐 디그래스 타이슨

죽은 사람과의 대화

2019년 3월 27일 수요일
친애하는 오촌 아저씨께
아버지가 돌아가신 다음날, 아버지 시신을 보러 장례식장에 나갔습니다. 아버지는 뇌졸중이 온 후 거의 10년 가까이 심신이 쇠약해지셨고, 고통스러운 죽음은 예견된 것이었습니다.

장례식장에 들어가면서도 테이블 위에 놓인 아버지의 시신을 제대로 볼 수 없었습니다. 저는 용기를 끌어모았고, 이제 작별을 고해야 할 시간이 되었음을 인정했습니다. 바로 그때, 귀에 익은 목소리가 저에게 말하는 것이 들렸습니다. "이런 망할 놈! 여긴 뭐하러 왔어, 이놈아? 썩 나가!"

저는 그 자리에서 굳어버렸어요. 뒤를 돌아보았지만 아무도 없었습니다.

그 목소리는 제가 아는 목소리였습니다. 지난 10년 동안 듣지 못했던 목소리였죠. 뇌졸중이 아버지의 목소리를 영원히 바꿔 놓았거든요. 하지만 제 깊은 곳에서 지금 들은 그 목소리가 아버지의 것임을 알았습니다.

"이눔아"와 "망할"이라는 단어도 그 목소리가 확실히 아버지의 것임을 확인해주는 것이었습니다. 아버지는 항상 저를 '이눔아'라고 부르셨고, 아버지에게 '망할'은 그냥 형용사 같은 것이었습니다.

저는 주저 없이 (소리 내어) "아버지를 보러 온 거예요"라고 말했습니다. 아버지는 "난 거기 없어!"라고 말하셨죠. 저는 나가려고 하다가 걸음을 멈추고, 돌아서서 말했습니다. "아뇨! 난 아버지를 보러 왔고 아버지를 볼 거예요!" 그러자 아버지가 말했습니다. "그래라, 그럼."

아버지의 시신을 향해 걸어가면서 저는 더 이상 슬프지 않았습니다. 아버지를 내려다보니, 시신은 밀랍처럼 매끈했고 착용하던 호흡기 때문에 얼굴의 모양이 변해 있었습니다. 또 다시 아버지의 말이 들렸습니다. "봤지? 내가 뭐랬어. 난 거기 없다니까."

이전보다 더 행복하고 평화로워진 마음으로, 저는 말 그대로 가벼운 발걸음으로 장례식장을 나왔습니다. 몇 년이 지난 지금도 여전히 그때 일이 실제처럼 느껴지지만, 논리적으로는 말이 안 되죠.

그때 실제로 무슨 일이 있었던 것일까요?

– 델레이 비치, 플로리다, 선레이 코크란

션레이에게

나의 사촌(너의 아버지)이 정말로 너에게 말을 걸었거나, 아니면 네가 환청을 들은 것이었겠지. 후자의 경우가 훨씬 더 가능성이 높지만, 이런 일이 또 다시 일어난다면 너에게 한 가지 실험을 해보도록 제안하고 싶구나.

다음번에 어떤 죽은 사람이 너에게 말을 걸면, 좀 더 유용한 정보를 알아낼 수 있는 대화를 시도해보렴. 저 너머 위대하신 분에 대한 정보를 캐봐. 호기심을 가져. 좋은 질문을 던져. 이런 질문들이 예시로서 적당하겠다.

* 당신은 지금 정확히 어디에 있습니까?
* 거기 다른 사람도 있습니까? 있다면 누가 있습니까?
* 당신은 옷을 입습니까? 만일 그렇다면 그 옷은 어디에서 구했습니까?
* 당신은 음식을 먹습니까? 만일 그렇다면 그 음식은 누가 만들어주었습니까?
* 주위에 보이는 광경을 묘사해줄 수 있습니까?
* 당신은 몇 살입니까? 건강 상태는 어떻습니까?
* 거기에도 낮과 밤이 있습니까?
* 잠을 잡니까? 잠은 어디에서 잡니까?

네가 활동적이고 창의적이며 상상력 풍부한 뇌를 가졌다

면, 환청으로 들리는 아버지의 목소리가 재미있고 그럴듯한 답을 해줄 수도 있을 거야. 그럴 가능성을 차단하기 위해, 누군가 다른 사람한테 시켜서 종이에 짧은 문구를 적어 보렴. 이를테면 "안녕하세요, 파트너"라든가 "다이아몬드는 영원하다" 같은 게 적당하겠다. 너는 그 문구를 보면 안 돼. 그런 다음 종이를 위로 들어 올리고 돌아가신 아버지에게 그걸 읽어달라고 해봐. 이렇게 하면 네 머릿속에 없는 정보를 죽은 사람에게 알려달라고 부탁하는 게 되겠지.

죽은 사람이 네가 모르는 것을 (정확하게) 알고 있다는 걸 입증할 수 있다면, 너는 하룻밤 사이에 유명해질 거야. 만일 그럴 수 없다면, 우리의 뇌가 객관적 현실을 오인하거나 왜곡하거나 훼손하는 또 하나의 사례를 경험한 것으로 기록해야겠지.

– 닐

작별인사•

2009년 12월 24일 목요일

나의 모든 교수님들과 선생님들께

처음엔 좀 슬퍼하시겠지만, 이 편지가 끝날 무렵에는 슬퍼하지 않으셨으면 좋겠습니다.

의학적 사실만 간단히 말씀드리면, 나는 거의 끝났습니다. 지난 1년간 내 몸은 계속해서 성가신 문제들을 일으켰고, 그래서 검사를 받아봐야겠다고 결심했습니다. 요점만 말씀드리자면 내 몸 구석구석에 암이 있었습니다. 의사가 줄줄이 나열하는데, 처음 네 군데까지만 듣고 더 이상 듣지 않았죠. 말기 암이었고, 시한부였습니다.

이것 하나는 분명히 해두죠. 나는 "신파" 이메일은 받지 않겠습니다. 나는 내가 상당히 운이 좋은 사람이라고 생각합니다. 회사는 1995년에 그만두었고, 2002년에는 완전히 은퇴를 했습니다. 그리고 그 사이 정말로 재미있는 인생을 살았습니다. 지난 7년 동안 과학과 수학 공부에 전념했고, 같은 공부를 하는 초심자들을 도와주었습니다. 꿈의 망원경을 얻어 다른 이들은 결코 보지 못할 밤하늘의 경이를 바라보았죠. 이 모두를 통해 우주는 나에게 영적인 깨우침을 주었고, 이곳 지구에서의 삶은 다만 하나의 단계에 지나지 않는다는 확신을 얻었습니다. 그리고 마치 이것만으로는 충분한 보상이 안 된다는 듯, "2분 전 경고"라는 축복을 받아 죽음으로의 이행을 최대한 질서 있고 의미 있게 준비할 수

- 이 글은 이분이 즐겨 보던 〈그레이트 코스〉 동영상 시리즈의 열두 명의 강사에게 보낸 공개편지다. 그 시리즈에는 내 동영상도 포함되어 있었다. 이보다 6개월 전에 교환했던 편지는 이 책의 11편 "부모 노릇" 편에 수록했다.

있게 되었습니다. (그리고 지난 몇 년간 당연하게 받아들였던 수많은 것들의 가치를 깨닫고 감사할 시간도 주어졌고요.)

여러분은 내 인생의 지난 몇 년간을 참으로 보람 있게 만들어 주었습니다. 나에게 인생의 목표와 원동력과 목적을 갖게 해주셨죠. 많은 사람들이 삶의 마지막 시간에 할 일을 찾기 위해 애쓰지만 대개는 성공하지 못합니다. 나는 그런 사람들보다 한 단계 위에 있죠. 그리고 나를 이곳까지 끌어올려준 것은 "가르치는 사람들",• 천문학, 과학과 수학에 대한 발견이었습니다. 이런 것들이 없었다면 나는 이 자리에 오르지 못했을 것입니다. 물론 여러분의 힘만으로 된 것은 아니죠. 나 스스로도 공부와 독서를 통해 삶의 의미를 성취해갔습니다. 그러나 그 추진력을 제공한 것은 여러분이었습니다.

이 이메일에 답장을 해주신다면, 내가 곧 시작하게 될 환상적인 모험을 잘 해낼 수 있도록 기원해주는 내용으로 써주기를 부탁드립니다. 내 영혼은 강하고, 나는 끝까지 지켜볼 것입니다.

여러분에게 행운을 기원합니다. 그리고 여러분 한 분 한 분께 감사합니다. 절대 여러분의 기여를 과소평가하지 마세요. 언젠가 저편에서 다시 만나 함께 이야기 나눌 날을 고대하겠습니다.

• 현재는 동영상 강의 등을 제작하는 교육 전문 업체 "The Great Courses", 챈틸리, VA.

부디 안녕히.

– MJ "모그" 스테일리

모그에게

지금 당신은 우주적 관점에서 보이는 풍경이 현재의 몸과 마음의 상태에 도움을 주고 진정시킬 수 있다는 사실을 잘 알고 있군요.

흔히들 하는 말로 우리는 모두 죽습니다. 그러나 선택된 소수만이 그때를 압니다.

– 닐

후기: 모그 스테일리는 8개월 후인 2010년 8월에 세상을 떠났다.

우주적 관점

2012년 6월 19일 목요일

타이슨 씨, 고맙습니다!

어머니는 지금 삶의 마지막을 맞이하고 있습니다. 나는 최대한 많은 시간을 어머니 곁에서 보내고 있습니다. 이제껏 어머니와 함께 보낸 시간은 그리 길지 않습니다. 어머니는 인생에서 나와 다른 길을 걸으셨기 때문입니다. 어머니는 내 누이의 손을 잡았고, 나와는 오래도록 소원하게 지냈습니다.

몇 년 전, 어머니는 나와 내 아내에게 함께 살자고 말했습니다. 우리는 그동안 서로 공유한 것도 없고 대화를 나눈 적도 없었습니다. 그러나 어머니와 내가 함께 얘기를 나눌 주제를 찾는 데 당신이 큰 도움을 주었습니다. 감사합니다.

우리는 혼자 태어나고 혼자 죽습니다. 떠날 때 가져갈 수 있는 유일한 것들을 만드는 것이 살면서 우리가 하는 일입니다.

– 로버트 클라크 올림

로버트 씨께

편지에서 구체적으로 말씀하지는 않았지만, 어머니와의 대화 주제가 제가 책이나 강연을 통해 다양하게 전달했던 우주에 관한 이야기였을 거라고 추측이 되는군요. 우주의 한 가지 좋은 점은 (물론 장점은 무수히 많겠지만) 우주가 우리 모두의 것이라는 점입니다. 따라서 우주에 대해 더 많이 배울수록 우주의 더 많은 부분을 소유할 수 있지요.

내가 죽음을 맞이하는 순간 아마도 나는 진화생물학자 리처드 도킨스의 말을 떠올릴 것입니다. 그는 죽음을 맞이하는 우리는 운이 좋은 사람들이라고 말합니다. 대부분의 사람들(성립 가능한 유전자 조합의 대부분)은 아예 태어나지도 못하며, 따라서 죽을 기회도 없다는 것입니다.

이를 포함하여 우주 안의 우리 존재에 대한 사색들은 필요할 때면 언제나 나를 지적 깨달음과 영적인 평화로 이끌어줍니다. 어머니와의 시간이 아직 남았다면, 어머니께 나의 에세이 〈우주적 관점〉•의 마지막 문단을 읽어드린다면 나로서는 대단히 영광이겠습니다.

다음에 전문을 싣습니다.

> 우주적 관점은 기본 지식에서부터 우러나는 것이다. 그러나 우주적 관점은 단순한 지식을 넘어서는 무엇이다. 우주적 관점은 우주 안에서 우리의 위치를 가늠하는 데 있어 우리의 지식을 적용할 수 있는 지혜와 통찰을 갖는 것이기도 하다. 그리고 그 속성은 명료하다.

* 우주적 관점은 과학의 최전선에서 얻어지지만, 과학자들만의 영역은 아니다. 우주적 관점은 모두의 것이다.
* 우주적 관점은 겸허하다.

• 이 에세이는 *Astrophysics for People in a Hurry*(New York: W. W. Norton, 2017), 한국어판《날마다 천체 물리》(사이언스북스, 2018)의 바탕이 되었다.

* 우주적 관점은 영적이며, 구원의 힘도 가지고 있지만 그렇다고 종교적이지는 않다.
* 우주적 관점은 같은 생각 안에서 크고 작은 것들을 함께 이해할 수 있도록 도와준다.
* 우주적 관점은 특별한 아이디어를 향해 우리의 마음을 열어주지만, 그렇다고 우리의 뇌가 감당 못 할 정도로 열어젖히지는 않으며, 우리가 듣는 것들을 믿을 수 있게 한다.
* 우주적 관점은 우주를 향해 우리의 눈을 뜨게 하지만, 우리가 보는 우주는 생명을 품고 보살피도록 설계된 자애로운 요람이 아닌 차갑고, 황량하고, 위험한 곳이다.
* 우주적 관점은 지구를 티끌처럼 보이게 하지만, 이 티끌은 소중한 티끌이며 지금 이 순간 우리에게 허락된 유일한 집이다.
* 우주적 관점은 행성, 위성, 별, 성운의 이미지 안에서 아름다움을 발견하는 동시에 그것들을 형성시킨 물리 법칙을 칭송한다.
* 우주적 관점은 우리가 처한 환경 너머를 볼 수 있게 하며, 의식주와 성性에 대한 원초적 갈망을 초월하게 한다.
* 우주적 관점은 공기가 없는 우주에서 깃발이 펄럭이지 않는다는 사실을 일깨워준다. 이는 아마도 펄럭이는 국기와 우주 탐사가 서로 섞이지 않는 개념이라는 암시일

것이다.

* 우주적 관점은 지구상의 생명체와 우리의 유전적 연대의식뿐 아니라 아직 발견되지 않은 우주 안의 모든 생명체와의 화학적 연대의식의 가치를 높이 평가한다. 더 나아가 우주 자체와 우리의 원자atom적 연대의식까지도. 우리는 모두 별의 먼지이다.

당신에게는 힘을, 어머니에게는 평화를 기원합니다.

– 닐

다음은 로버트 클라크의 답장이다.

감사합니다. 당신의 기운이 나에게 큰 도움이 되었습니다. 어머니에 대한 따뜻한 격려도 어머니가 감사히 받아들이고 계십니다. 어머니의 상태는 안정적이지만, 여전히 병원의 중환자실에 계십니다.

어머니는 평소 존경했던 사람들이 어머니께 힘을 실어주고 있다는 사실을 알고 더 큰 용기를 갖게 되셨습니다. 이번 주말에는 어머니 곁을 지키며 이 에세이 전문을 어머니께 다시 읽어드릴 생각입니다. 어머니는 당신의 이야기를 듣는 걸 좋아하시고, 다른 사람들이 계속 읽어주던 성경 말씀보다 당신의 글에 더 좋은 반응을 보이셨습니다. (부담을 지워드리려는 건 아닙니다만.)

다시 한번 감사합니다. 언제나 배우는 자세로 살겠습니다.

- 로버트 클라크 올림

영혼 탐구

2007년 7월, 제프 라이언은 죽음 이후의 삶에 대해 질문을 해왔다. 우리 안에는 영혼이나 정수精髓 같은 것이 있어서, 이것이 다른 세상으로 전이되어 영원한 생명을 얻게 되는 것일까? 그러나 그가 가장 궁금해하는 것은 죽음 이후에 대해 과학은 무엇이라 말하고 있는가였다.

라이언 씨께

인간의 몸에는 측정 가능한 양의 에너지가 담겨 있습니다. 이 에너지는 화학적으로 (지방 및 연조직 안에) 저장된 에너지와 섭씨 36.5도로 유지되는 체온에서 나오는 에너지를 포함합니다. 36.5도라는 온도는 일반적으로 실온보다 약간 높으며, 우리가 생존하는 동안 몸 안에 저장된 화학적 에너지를 방출하면서 유지되는 온도입니다. 또한 우리 몸은 피부 표면과 소화기관 안에 수십조 개 이상의 공생조직과 기생조직들을 품고 있습니다.

우리가 죽으면 우리 몸의 화학적 과정(대사)들은 그 기능을 멈추고, 온도가 떨어지면서 그 즉시 주위 환경에 에너지를 빼앗기기 시작합니다. 남은 몸은 이미 몸 안에 살고 있던 미생물과 외부에서 몰려드는 생물들, 이를테면 파리 유충이나 벌레들의 맛있는 먹잇감이 됩니다. 시간이 지나면 우리 몸에 담겨 있던 에너지는 모두 지구와 지구를 감싼 대기로 돌아갑니다.

시신을 화장하면 자연은 이런 에너지를 전혀 활용하지 못합니다. 우리는 살면서 필요한 식량의 근원으로서 자연에 인생 전체를 의존해왔는데도 말이죠. 당신이 죽은 다음 화장을 하면 당신 몸에 저장되었던 화학 에너지는 대기 중으로 흩어지고, 열로 방출되고, 그런 후 우주로 퍼져나갑니다.

이런 이유로 나는 탄생의 순간부터 시작된 에너지 순환을 완성하는 과정으로서 매장을 적극 선호합니다.

그리고 이러한 삶의 과정은 측정 가능한 에너지의 화학과 물리학에서 유래한 것입니다.

만일 이 세상의 몇몇 종교에서 주장하는 것처럼 인간에게 영혼이 있다고 믿으신다면, 영혼의 존재는 믿음을 바탕으로 한 것이므로 과학적 방법과 도구를 사용해 영혼을 설명해달라고 요구할 수는 없는 일입니다. 그렇지 않다면 당연히 영혼을 측정하는 방법에 대하여 검증이 가능한 예측을 내놓을 수 있겠죠.

실제로 X-선이 발견된 직후에 영혼을 측정하려고 시도했던 적이 있었습니다. 사람들은 영혼에 대한 그들의 믿음을 증명하고 싶어 안달이 나서, 병원에서 죽어가는 환자들을 찾아내 죽음의 순간에 그들의 몸에서 무엇이 빠져나가는지를 확인하겠다며 X-선 사진을 찍었습니다. 물론 그들은 아무것도 보지 못했습니다.

-닐 디그래스 타이슨 올림

허리케인 카트리나

2010년 1월 27일
페이스북에 쓴 글

어떻게 사람들은 미국의 가난한 사람들은 제쳐두고 아이티 난민들을 돕겠다며 그렇게 발 빠르게 행동에 나설 수 있을까요? 왜 아이티 대신 미국을 돕기 위해 자선단체에 기부하지 않을까요?

여기에도 카트리나 때문에 가난해진 사람들이 아이티 난민만큼이나 많이 있는데, 아무도 그 사람들은 신경 쓰질 않네요.

– 론 매리시

론에게

이는 규모의 문제입니다. 뉴올리언스에서는 부두가 막아주지 못해 2,000명가량이 사망했습니다. 한편 지진으로 인한 아이티의 사망자 수는 25만 명에 육박합니다. 이는 아이티 전체 인구의 3%에 달합니다. 그리고 아이티의 지진 강도에 비하면 카트리나는 난쟁이 수준입니다.

개인적으로 저는 유기견을 돌보거나 먹이를 주기 위해 길에 쓰러진 노숙자를 지나쳐버리는 사람들을 거부하는 편입니다.

– 닐 디그래스 타이슨

후기: 최근 정부 통계에서는 2005년 아이티 지진 사망자 수를 10만 명 이하로 정정했다.

질병 치료

랜디 M. 자이트만은 해묵은 딜레마에 관심을 갖고 있었다. '지적인 능력을 타고난 사람들이 자신의 흥미를 추구해야 하는가, 그렇지 않으면 우리 사회의 간과할 수 없는 문제들을 해결하는 데 그들의 지적 능력을 헌신해야 하는가' 하는 문제였다. 그는 우리가 아직도 암을 치료하지 못하고 있고, 전 세계는 기아 문제로 고통받고 있는 상황에서 달 위를 걷거나 허블망원경으로 사진을 찍는 게 과연 어떤 가치를 갖는지 의문을 표했다. 2004년 10월에 자이트만 씨는 원하는 일을 하는 것과 옳은 일을 하는 것 사이의 이 긴장 상태에 대해 (정중하게) 나에게 답을 요구했다.

자이트만 씨께
견해와 비판적 시각을 공유해주셔서 감사합니다. 저도 한때는 당신과 정확히 같은 생각이었지만, 인생과 사회에 대한 어떤 기본적인 (그러나 아직까지는 폭넓게 인식되지는 못하는) 사실을 알게 된 후로는 마음을 바꾸었습니다.

편지에서 당신은 암 치료에 대해 말씀하셨죠. 미국에서 암과 질병 연구에 쓰이는 세금은 우주에 쓰는 돈보다 10배 이상 많습니다. 사설/국립 연구소에서 쓰는 비용까지 포함하면 100배가 넘어가게 됩니다. 따라서 그런 중요한 분야에는 이미 어마어마한 자금이 투자되고 있습니다. NASA는 어쩌다 보니 당신의 주장을 뒷받침하기 위해 가장 눈에 띄는 목표물이 된 것뿐입니다.

그런데 암 연구에 투자하는 돈을 국방부에서 쓰는 돈이나 농업 보조금과 비교하지 않았다는 사실은 생각해보셨습니까? 비교 못 할 이유가 없는데요! 국방부는 NASA에서 1년 동안 쓰는 돈을 단 열흘 만에 씁니다. 여기에는 참전용사들을 위해 쓰이는 돈은 포함되지 않습니다. 미국은 농업 종사자들이 작물을 기르지 '않도록' 하는 데 1년에 1,000억 달러 이상을 현금으로 지불하고 있습니다. 이 액수는 그 자체로 NASA 연간 예산의 6배가 넘는 금액입니다.

그러나 앞선 비교들보다 더욱 중요한 것은 문제를 해결할 혁신적인 방안이 주로 학문 분야의 상호 교류에서 나온다는 점입니다. 그리고 이러한 교류는 그 성질과 방향을 예측하는 일이 전적으로 불가능합니다. 저는 여기에서 의학 분야의 사례를 몇 가지 들겠지만, 사실 이와 유사한 예는 모든 분야를 통틀어 수천 가지도 넘습니다. 영상 분석에 사용되는 컴퓨터 알고리즘은 원래 최초의 허블망원경 거울을 설치한 후 결함을 찾기 위해 발명된 것이었습니다. 광학 장비들을 수리하기 전까지 어렴풋한 이미지들을 가지고 할 수 있는 일이라고는 이 알고리즘을 적용하는 것이 최선이었죠. 그런데 이 알고리즘이 유방암의 초기 검진에 이상적이라는 사실이 밝혀졌습니다. 이 알고리즘을 이용하면 훈련 받은 사람이 눈으로 암의 존재를 확인하기 훨씬 이전 단계에서 정확한 진단을 내릴 수 있었습니다. 당시에는 이런 목적의 컴퓨터 알고리즘을 개발은 고사하고 고안이라도 할 수 있는 의사가 거의 없었습니다. X-선(물리학자가 전자기 스펙트럼을 탐색하기 위해 발명한 것), MRI 장비(물리학자가 발견한 개념) 그리고 해저 탐사를 위해 군사용으로 개발된 초음파 장비도 마찬가지입니다.

흑인 과학자로서의 나의 존재가 사람들이 가지고 있는 고정관념을 깨는 데 일조하고 있다는 점도 말씀드리고 싶군요. 이러한 고정관념은 그 자체로 사회에 큰 피해를 입힙니다. 그 이유는 권력자들이 유색인종의 지적 능력을 인정하지 않아 일터나 학계, 또는 그 밖의 모든 곳에서 경쟁 상대로 여기지 않음으로서 유색인종에게 마땅히 돌아가야 할 기회와 자원을 차단시키기 때문입니다.

따라서 나는 당신의 주장에 전혀 동의할 수 없습니다. 사회가 돌아가고 있는 양상이 당신의 의견과 강하게 대립하기 때문입니다. 다만 목소리를 낼 수 없는 소수자들을 대변하고 있는 부분에 대해서는, 당신의 확고한 신념에 흥미를 느낍니다.

우리는 부유한 나라에서 살고 있습니다. 어쩌면 지금까

지 알려진 나라들 중 가장 부유한 나라일 겁니다. 어떤 의미로, 우리의 문화는 국가로서 우리가 하는 행위에 의해 (수동적으로 또는 능동적으로) 정의되며, 이는 의회의 자금 지원 액수의 순위로 표현될 수 있습니다. 국립 예술진흥기구는 우리가 미국인으로서 누리는 삶의 질에 기여하기 때문에 자금을 지원받습니다. 교통국은 대중교통이 가져다주는 경제적 활력의 가치를 인정받으므로 자금 지원을 (심지어 보조금도) 받습니다. 국립 과학재단은 역사적으로 기술 발전의 기초임을 입증해온 기초 연구를 추진하기 때문에, 특히 기업의 투자가 별로 없는 순수과학을 지원하기 때문에 자금 지원을 받습니다. 스미스소니언협회는 과거 우리의 모습을 보존하고, 그러한 보존 작업이 지니는 가치를 우리 자신과 온 세상이 인정하기 때문에 자금 지원을 받습니다. 국방부는 다른 무엇보다도 국가로서 지켜야 할 현실적인 안보와 잠재적 위협에 대한 안보의 가치를 중히 여기기 때문에 자금 지원을 받습니다. 이 밖에도 여러 활동이 있으며, 이 모든 것이 국가로서의 미국을 정의합니다.

아니면 우선순위를 정하는 또 다른 방법으로 현재 미국이 가지고 있는 문제들의 순위를 매기고, 한꺼번에 모든 자원을 동원해 문제를 순서대로 해결하는 방법도 있습니다. 이런 시나리오가 아마도 '살면서 무슨 일을 해야 하는가'라는 화두에 대한 당신의 생각에 좀 더 공명할 거라 생각합니다. 그러나 이 문제의 답을 찾는 여정의 역사는 당신의 견해를 지지하지 않습니다. 앞서 말했듯이 문제를 해결할 가장 혁신적인 답은 대개는 해당 분야의 밖에서 옵니다.(이를테면 다양한 주제에 감화된 사람들에게서 말입니다.) 정부도 이를 잘 알고 있기 때문에(주로 전쟁을 겪으면서 배운 것이죠. 인간의 본질에 대한 깊은 통찰을 통해 알게 된 것은 아니고요.) 이를테면 예술보다 순수과학에 더 많은 돈을 투자하고 있는 것입니다.

누구도 허블망원경 영상이 굶주린 이들을 먹이는 것보다 중요하다고 생각하지 않습니다. 그럼에도 이 전제가 당신의 반대 감정을 더 부추기는 것 같군요. 이 세상을 위해 가장 좋은 것은 전부 다 하는 것입니다. 그리고 우리는 우리가 가진 시스템의 결함에도 불구하고 다른 누구보다도 모든 걸 잘 해내고 있습니다.

다시 한번 인터뷰에 관심 가져주신 데 감사드리며, 우리의 견해가 일치하지 않지만(또는 아마도 일치하지 않기 때문에) 당신의 말씀에 감사드립니다.

– 닐 디그래스 타이슨 올림

충성

2019년 3월 14일 목요일

안녕하세요, 닐

지난 번 편지를 보낸 후로 많은 일이 있었습니다.* 어디부터 시작해야 좋을지 모르겠군요. 좋은 일도 있지만 대부분은 나쁜 일이었습니다.

그래도 좋은 이야기부터 시작할까 합니다. 내 일은 놀랄 만큼 잘 풀렸습니다. 나는 "플라이트 포 라이프"라는 비영리 인명 구조 활동 단체에서 일자리를 얻어 몇 명의 생명을 살렸습니다. 지금은 라스베이거스로 돌아와서 "매버릭 헬리콥터" 여행사의 수석 조종사로 일하고 있죠. 관광객들을 태우고 비행을 하면서 그랜드 캐니언의 지층을 통해 지구가 어떻게 형성되었는지를 보여주는 일을 합니다. 여기까지는 모든 게 훌륭했습니다.

나쁜 이야기는 어디부터 시작해야 할지 모르겠네요. 그동안 굉장히 많은 일을 겪었습니다. 내가 보낸 몇 통의 이메일로는 나에 대해 많은 것을 알지 못하실 테죠(내가 당신의 열렬한 팬이라는 것 말고는요). 나는 해병대에서 6년을 복무했습니다. 그동안에 친구 몇

* 제이는 2013년에 다섯 통의 이메일을 보냈었다.

명을 잃었고, 그중 하나는 가장 친한 친구였어요. 나는 내 인생에서 그렇게 광기의 시절을 보내며 제법 호된 대가를 치렀다고 생각했습니다. 그러다 아내를 만났죠. 우리는 딸을 낳았고, 더할 나위 없이 행복했습니다! 아내는 네바다 핵실험장에서 일하는 엔지니어였어요. 우리는 서로에게 완벽한 짝이었습니다.

아내는 4년쯤 전에 유방암 진단을 받았습니다. 그녀는 3년간 챔피언처럼 용감히 맞서 싸웠지만, 작년에 결국 싸움에 졌습니다. 나는 준비가 되어 있다고 생각했지만, 그대로 무너지고 말았습니다. 우리 딸 엘라가 아니었다면 내가 과연 회복될 수 있었을까요. 잘 모르겠습니다.

나는 그저 선생님께 내 근황을 알리고 선생님은 어떻게 지내는지 확인하고 싶었습니다! 이메일이 재미가 없었다면 죄송합니다. 하지만 선생님은 잘 지내고 계시겠죠! 나는 여전히 선생님의 팬이며 언제나 선생님을 지지하겠습니다!

– 당신의 친구, 제이 스코블 올림

제이에게

인체의 각 부분과 기능을 모두 바라본다면, 인간의 생리는 숨이 막힐 정도로 경이롭습니다. 그래서 어느 부분이 기능을 상실할 때(우리 모두 어느 때에는 그렇게 되겠지만), 또는 해병대에서 친구를 잃었던 것 같은 비극이 찾아왔을 때, 애초에 인간의 생존 자체가 얼마나 놀라운 일이었는지를 깨닫는 사람은 그렇게 많지 않습니다.

호모사피엔스의 게놈은 수십조 개 이상의 조합이 가능합니다. 이 말은 수십조 명 이상의 고유한 인간이 존재할 수 있고, 지금까지 이 세상을 살았던 사람들은 대부분 똑같은 모습으로 다시 태어나지 않을 것이라는 의미입니다. 따라서 죽음이란 그 수십조 명 중에서 극히 일부인, 인생을 살았던 우리에게 주어진 특권 같은 것입니다.

우주적 관점을 통해 세상을 바라보면 내가 살아가는 하루하루가 소중해집니다. 나는 이 우주적 관점을 당신이 사랑했던 사람들의 삶과 죽음에 대한 일종의 과학적 위로로서 당신과 공유하고 싶습니다. 당신의 평안을 기원합니다.

– 닐

8 비극

Tragedy

이 장에서는 뉴욕시 세계무역센터 쌍둥이 빌딩에 대한
테러 공격이 있었던 2001년 9월 11일에 내가 겪었던 일을
설명하는 편지가 수록되어 있다.
이 편지는 일차적으로 내가 위험에 가까이 노출되어
있던 것을 아는 사람들의 걱정을 덜어주기 위해 쓴 것이었다.
이 장에는 또한 9.11테러와 관련된 음모론과
신비주의적 해석에 대한 솔직한 의견 교환을 담았다.

공포, 공포.•

2001년 9월 12일 수요일 오전 10시

친애하는 가족, 친구 그리고 동료 여러분께

우리 가족은 무사합니다. 우리는 로어맨해튼 주거지역

• 이 이메일은 무수히 공유되었다. 일주일 후 《월스트리트 저널》에서는 그날의 비극적인 소식을 전하는 데 인터넷이 어떻게 광범위하게 사용되었는가를 조명하는 기사를 실으며 이 이메일을 소개했다.

에서 어제 정오쯤 소개疏開되었고 (북쪽으로 5킬로미터쯤 떨어진) 그랜드센트럴역까지 걸어서 이동했습니다. 그곳에서 메트로노스를 타고 웨스트체스터의 부모님 댁으로 왔고요. 지금 이 글은 부모님 집에서 쓰고 있습니다.

우리 집은 세계무역센터에서 네 블록 떨어진 곳에 있습니다. 집에서 쌍둥이 빌딩과 시청, 시청 앞 공원이 보였죠. 어제는 어쩌다 보니 집에서 일을 하게 되었습니다. 아내는 오전 8시 20분에 출근했고요. 그 시간에 나는 뉴욕시의 시장 예비 선거에 투표를 하러 집을 나섰습니다. 9개월 된 아들은 보모와 함께 집에 있었고, 다섯 살 난 딸은 세계무역센터에서 세 블록 떨어진 PS-234 구역 유치원에서 등원 둘째 날을 보내고 있었습니다. 오전 8시 40분, 뒷마당에서 WTC-1의 완전한 모습이 완벽하게 보였던 마지막 시간이었습니다.

8시 50분에 첫 번째 비행기가 건물에 충돌했을 때, 학교에 있던 아이들은 무사히 대피했습니다. 나는 투표를 마치고 돌아오던 8시 55분경에 WTC-1의 윗부분이 화염에 휩싸인 것을 보았습니다. 엄청난 수의 구경꾼들이 시청 앞 공원에 모여 있었고 헤아릴 수 없이 많은 소방차, 경찰차, 구급차들이 날카로운 소리를 내며 지나갔습니다.

나는 집으로 가서 캠코더를 꺼내 들고 거리로 나가 촬영을 시작했습니다. 나는 스스로 감정에 휘말리지 않는 강한 정신을 가졌다고 생각했습니다. 그러나 그곳에서 내가 목격했던 것은 내 감정을 뒤흔들었고, 쉬 가시지 않을 공포를 남겼습니다.

1. 처음에 WTC-1의 고층에 불이 난 것을 보았습니다. 그냥 창문 몇 개에서 불꽃이 보이는 정도가 아니라, 네댓 개 층 전체가 불길에 휩싸이고 연기가 더 높은 층까지 꿰뚫고 올라갔습니다.

   이것만으로도 충분히 두려웠는데……

2. 종잇조각과 녹은 금속 파편이 바닥으로 떨어지는 가운데, 무언가 뚜렷하게 다른 종류의 잔해가 떨어지는 것을 목격했습니다. 그건 무너지는 건물의 일부가 아니었습니다. 그것은 사람들, 창문에서 뛰어내리는 사람들이었습니다. 그들의 몸은 80층에서 엄청난 속도로 추락하고 있었습니다. 나는 그런 추락을 10여 건 정도 목격했고, 멍한 상태에서 반사적으로 그중 세 건을 캠코더에 담았습니다.

   이것만으로도 충분히 두려웠는데……

3. 이번에는 WTC-2의 구석, 그러니까 위쪽 약 3분의 2 지점

인 60층쯤에서 거센 폭발이 일어났습니다. 불덩어리가 강렬한 열 충격을 뿜어내 우리는 모두 고개를 돌려야 했습니다. 비행기가 건물의 정반대 편을 가격했기 때문에, 내가 서 있던 곳에서는 폭발을 일으킨 비행기를 볼 수 없었습니다. 그래서 당시에는 폭발의 원인이 비행기였다는 것도 몰랐습니다. 처음엔 폭탄이 터진 줄로 생각했지만, 폭탄의 폭발에 수반되는 음향 충격파가 없었습니다. 음향 충격파는 창문을 덜컹거리게 만드는데, 이 폭발이 일으킨 것은 단순히 낮은 진동수의 울림이었습니다.

건물의 구석에서 터져 나온 불덩어리는 엄청나게 커서 WTC-1까지 뻗어나갔습니다. 건물 구석이 폭발했다는 사실에서 우리는 두 번째 비행기가 건물 측면에 충돌해 폭발 압력이 증가한 상태에서 발화된 제트 연료가 한 지점에 집중되었음을 알 수 있었습니다. 건물에서는 불꽃과 함께 수천, 수만 장의 종이가 쏟아져 나와 펄럭거리며 바닥으로 떨어졌습니다. 몇 개 층에 있던 파일 캐비닛이 전부 다 열려 한꺼번에 쏟아진 것 같았습니다.

두 번째 건물까지 화염에 휩싸인 것을 보며 우리 모두는 첫 번째 화재가 단순한 사고가 아니라 테러리스트들의 공격임을 분명히 알게 되었습니다. 나는 여전히 멍한 상태로 폭발 장면을 캠코더로 촬영하고 있었고, 주위에 있던 군중의 비명소리도 함께 녹음되었습니다. 이 시점에서 나는 촬영을 중단하고 아파트로 돌아갔습니다.

이것만으로도 충분히 두려웠는데……

4. 구급 차량들이 점점 더 많이, 이제는 어마어마한 대열을 이루어 세계무역센터로 향하고 있었습니다. WTC-2에서 두 번째 폭발음이 들렸고, 그러고 나서 낮은 진동수의 큰 떨림이 일었습니다. 이는 생각할 수도 없는 일에서 촉발된 진동이었습니다. 폭발 지점 위쪽에 있던 층들이 모두 무너져 내린 것입니다. 처음에는 헬리콥터 착륙장이 있던 옥상의 측면 끝부분이 전부 다 보였습니다. 그러다가 내파공법으로 철거되는 건물처럼 고층 부분이 똑바로 무너져 내렸고, 폭파 지점 아래 있던 층들이 그 잔해를 고스란히 받았습니다. 그 지점에서 짙고 진한 먼지구름이 피어올랐고, 이 먼지구름은 로어맨해튼을 촘촘히 가로지르는 도로와 거리 위로 쏟아져 내렸습니다.
나는 황급히 창문을 모두 닫고 블라인드를 내렸습니다. 먼지구름이 아파트 건물을 집어삼키자, 으스스한 어둠이 주위를 감쌌습니다. (심각한 폭풍이 다가오기 전 덮치는 그런 종류의 어둠이었습니다.) 창밖의 가시거리는 채 30센티미터도 되지 않았습니다.

이것만으로도 충분히 두려웠는데……

5. 15분쯤 후, 창밖의 가시거리가 100미터 정도로 길어졌습니다. 나는 도처에 흰 먼지가 퍼져 있는 것을 목격했습니다. 그때가 세계무역센터 앞에 정차해 있던 구급 차량들 전부가 무너져 내린 110층 건물의 잔해 아래, 수십 미터는 쌓였을 먼지 아래 깔렸을 것임을 깨달았던 때입니다. 이 붕괴로 1차로 출동했던 수백 명의 경찰관과 소방관, 의료진을 포함한 구조대 전원이 목숨을 잃었습니다.
가시거리가 점차 길어졌고, 이제는 하늘이 보였습니다. WTC-2가 있던 곳에 푸른 하늘이 보였습니다.

이것만으로도 충분히 두려웠는데……

6. 나는 딸을 데리러 가야겠다고 마음먹었습니다. 딸아이는 딸의 친구 부모님이 일하는 작은 사무실에 가 있었습니다. 우리 아파트보다 WTC에서 여섯 블록 더 먼 곳에 있는 건물이었습니다. 장화와 손전등, 물수건, 물안경, 자전거용 헬멧, 장갑으로 생존을 위한 무장을 하고 있는데, 또 한 번의 폭발음과 이제는 너무나도 익숙해진 진동음을 들었습니다. 두 건물 중 먼저 공격을 당했던 WTC-1의 붕괴를 알리는 소리였습니다. 나는 WTC-1의 상징과도 같았던 안테나

가 폭발에서 발생한 내파를 타고 수직 하강하는 것을 지켜보았습니다.
이때 발생한 먼지구름은 처음 것보다 더 시커멓고, 더 짙고, 더 빠르게 퍼졌습니다. 이번 먼지는 붕괴 후 15초가 지나 우리 아파트에 도달했는데, 하늘이 밤처럼 어두워졌고 가시거리는 몇 센티미터를 넘지 않았습니다. 아파트 안에서도 점점 숨을 쉬기가 어려워졌지만 우리는 차분했습니다. 이 시점에서 나는 현장에 있던 구조대원들 중 생존자가 있을 것이란 희망을 버렸습니다.

이것만으로도 충분히 두려웠는데……

7. 먼지구름이 다시 한번 잦아들었고, 창문 밖에는 10센티미터 정도 두께의 먼지 층이 쌓였습니다. 이제는 또 다른 짙은 구름이 한때 110층짜리 건물 두 동이 서 있던 곳을 점령했습니다. 그러나 이 구름은 먼지처럼 가라앉지 않았습니다. 지반면의 화재에서 피어나온 연기였기 때문이었습니다. 이제 아파트 안의 공기는 점점 더 탁해져 숨을 쉬기가 어려웠고, 대피해야 한다는 사실이 점점 더 명확하게 다가왔습니다. 특히 지하에서 가스가 유출될 가능성을 고려한다면 말입니다. 나는 제일 큰 배낭에 생존용품들을 담고, 가장 가벼운 유모차에 아들을 태우고 보모와 함께 집을 나

섰습니다. 보모는 걸어서 브루클린브리지를 건너 집으로 갔습니다.

나는 딸이 있는 곳으로 갔습니다. 딸아이가 있던 동네는 바람 반대 방향에 있어 잔해의 영향을 받지 않았고 상대적으로 조용했습니다. 아이의 기분은 좋았지만 잔뜩 긴장한 상태였습니다. 아이는 내가 도착하자 나를 기다리며 크레용으로 그린 그림을 건네주었는데, 다섯 살짜리가 표현할 수 있는 수준에서 연기와 불꽃에 휩싸인 쌍둥이빌딩을 그린 것이었습니다. "아빠, 비행기 조종사가 왜 비행기를 세계무역센터 건물에 부딪치게 했을까?", "아빠, 나는 이게 다 꿈이었으면 좋겠어", "아빠, 만일 연기 때문에 집에 못 가면 내 동물 인형들은 다 괜찮을까?"

이것만으로도 충분히 두려웠는데……

8. 한 팔에 아들을 다른 팔에 딸을 안고 사무실의 덮개 씌운 소파에 차분히 앉아, 나는 WTC 건물 두 동이 완전히 채워지면 1만 명 정도가 들어갈 수 있다는 사실을 깨달았습니다. 그리고 내가 목격한 사실로 미루어보아, 그중에 생존자가 단 한 명이라도 있을 거라 기대할 수가 없었습니다. 사실 사망자 수가 2만 5,000에서 3만 명에 이르더라도 놀랄 일이 아니겠다 싶었습니다. 건물 아래에는 6개 층의 지하

공간에 수십 개의 지하철 플랫폼이 있고, 여기에는 100여 개가 넘는 상점과 식당이 상주해 있습니다. 이 지하 공간은 세계무역센터로부터 웨스트사이드 고속도로 건너에 있는 세계금융센터를 묻고도 남을 만큼 넓은 공간이었고, 이 공간으로 건물 두 동이 무너져 내린 것입니다.

이것만으로도 충분히 두려웠는데……

9. 만일 내가 추산한 만큼 사망자 수가 많다면, 이 사고는 수천 명이 사망한 진주만보다도 훨씬 더 최악입니다. 이 사고는 차량 폭탄 테러나 비행기 납치보다, 타이타닉의 침몰이나 힌덴부르크 폭발 사고, 오클라호마 폭탄 테러보다 더 엄청나고 비극적인 사건입니다. 단 네 시간 동안 사망한 사람의 수가 베트남 전쟁 당시 전체 미국인 사망자 수의 거의 절반에 육박할 것입니다.•

아내와는 오후 4시에 다시 연락이 되었고, 유니언스퀘

• 나를 최악의 공포에 빠뜨렸던 사망자 추산은 결과적으로 지나치게 높게 잡은 것이었다. 나는 당시 사망자가 2만 5,000명에 이를 것으로 계산했다. 110층짜리 사무실 건물이 사람들로 완전히 채워져 있다는 가정을 바탕으로 한 것이었다. 그러나 이른 아침이라 두 건물에는 사람들이 많지 않았다. 세 지역(뉴욕, 워싱턴DC, 필라델피아)에서 발생한 사망자를 모두 합친 수는 "겨우" 2,998명이었고, 그중 2,606명이 세계무역센터 사고 현장에서 목숨을 잃었다.

어 공원 북쪽에서 만났습니다. 그런 다음 북쪽으로 1.6킬로미터를 더 걸어 그랜드센트럴역으로 가서 뉴욕시 북부 웨스트체스터로 이동했습니다.

어제 이후로 내 삶은 결코 예전과 같지 않을 것이며 앞으로 어떻게 변할지도 예측할 수가 없습니다. 내가 속한 세대는 말로 표현할 수 없는 공포를 겪었고 그것을 세상에 알리기 위해 생존하게 되었다고 생각합니다.

우리보다 앞선 세대의 사람들은 20세기에 가장 끔찍했던 전쟁을 목격하면서 완전히 삶이 바뀌는 경험을 했습니다. 지금의 세상은 그들이 살던 세상과 근본적으로 다르다고 믿었던 나는 참으로 순진했던 것 같습니다.

여러분 모두의 평화를 기원합니다.

– 뉴욕의 헤이스팅스 온 허드슨에서, 닐 디그래스 타이슨

세계무역센터의 석양

다음은 《내추럴 히스토리 매거진》의 특별호 〈별의 도시〉에 기고한 러브레터이다.

2002년 1월, 세계무역센터의 쌍둥이 빌딩들은 하늘로 약 400미터, 그러니까 대략 다섯 블록 거리만큼 솟아올라 있었다.

나는 그 빌딩이 서 있던 자리에서 네 블록 떨어진 곳에 산다. 그리고 그 빌딩들이 불길에 휩싸였고, 무너져 내렸다. 그 모든 일이 우리 집 부엌 창문을 통해 보였다. 각 건물들이 붕괴된 지 10초 만에, 콘크리트 가루로 된 뿌연 먼지구름이 뒤덮이면서 가시거리는 채 3센티미터도 되지 않았다. 똑같은 그 창문으로, 쌍둥이 빌딩이 있던 자리에 지금은 푸른 하늘이 보인다.

세계무역센터는 진정한 수직적 우주였다. 나는 자주 그렇게 생각했다. 나는 건물에서 일했던 사람들, 전망대에 들른 관광객들, '윈도우즈 온 더 월드'(WTC-1 꼭대기 층의 전망대 상가—옮긴이 주)에 있던 식당들을 생각한다. 그날 목숨을 잃은 모든 사람들을 생각한다.

그 건물들을 평화롭게 기억할 방법을 열심히 찾다보면, 어쩔 수 없이 전망대로서의 건물들을 떠올릴 수밖에 없다. 꼭대기 층에는 컴퓨터로 인사말을 적어 어딘가에서 엿듣고 있을 외계 생명체들을 위해 북쪽 타워의 라디오 안테나를 통해 우주로 전송할 수 있었다. 두 건물의 높이는 아주 높아서 전망대를 기준으로 보면 지평선은 72킬로미터 아래에 있었다. 이 정도 거리면 전망대 위에 있는 사람에게는 지상에서 관찰하는 사람보다 태양이 2분 늦게 진다. 만일 1초에 한 계단씩 올라갈 수 있다면 실제로 일몰을 멈추게 할 수도 있다. 물론 안타깝게도 그 전에 호흡이 달리거나 계단이 끝나버리거나 하겠지만. 어느 쪽이든 그 순간 우리는 태양을 밤에게 빼앗기게 되고, 태양은 지평선 너머로 부드럽게 가라앉을 것이다.

뉴욕시의 쌍둥이 빌딩은 태양을 영원히 잃어버렸다. 그러나 나는 이전에 수도 없이 뜨고 졌던 것처럼 매일매일 태양이 또 다시 떠오를 것임을 알고 있고, 그 사실로부터 위로를 받는다.

세계무역센터 추념일

2002년 9월 11일 수요일
《뉴욕타임스》에 기고한 글

편집자님께
일반적으로 추념일이 되면 나는 한 해 동안 잊혔던 사람들과 장소, 사건들을 기억합니다. 그러나 지난 한 해 동안 나의 집에서 겨우 네 블록 떨어진 곳에 서 있던 세계무역센터와 그 잔해 속에서 사라져간 수천 명의 목숨들을 단 하루도 생각하지 않았던 날이 없었습니다. 그래서 아마도 이번 세계무역센터 추념일 하루만큼은 다른 일을 하고 다른 것을 생각할 구실로 삼을까 합니다.

– 뉴욕에서, 닐 디그래스 타이슨

아버지의 깃발

2012년 12월 7일 금요일
《뉴욕타임스》에 기고한 글

편집자님께
살면서 나는 1941년 12월 7일, 2,400여 명의 미국인이 죽었던 일본의 진주만 공습에 대하여 과연 사람들의 감정이 희미해졌을지 궁금했습니다. 이제는 먼 기억보다도 더 먼 옛날 일이 되었고, 그 사건을 목격했던 사람들이 모두 세상을 떠났으니 말입니다. 진주만 공습의 50회 추념일이던 1991년 12월 7일에 나는, 비극에 대한 사람들의 기억은 더 크고 더 비극적인 사건이 일어나 과거의 기억을 가로막기 전까지만 유효할 것이라고 생각했습니다. 실제로 그로부터 10년 후인 2001년 12월 7일, 3,000여 명의 미국인이 테러리스트의 공격으로 죽었던 2001년 9월 11일로부터 3개월이 겨우 지날 무렵에 진주만에 관심을 보인 사람은 거의 없었습니다. 예외가 있다면 9월 11일의 비극의 정도를 측정하기 위한 가늠자 같은 역할로만 기억했을 뿐이지요. 평화와 평온이 일관되게 지속된다면, 그 자체로 좋은 일이겠지만, 필연적으로 9.11테러에 대한 나의 기억만큼은 좋은 일로도 나쁜 일로도 사라지지 않고 영원히 유지될 것입니다.

– 뉴욕에서, 닐 디그래스 타이슨

중금속

2009년 3월 31일 화요일

타이슨 씨께

선생님께 편지를 쓰게 되어 기쁩니다. 〈데일리 쇼〉에서 (어쩌면 〈콜버트 리포트〉였는지도 모르겠습니다) 선생님을 처음 본 후로 열렬한 팬이 되었습니다. 여자 친구와 나는 선생님의 견해와 유머, 그리고 그런 흥미로운 주제에 접근하는 방식을 매우 좋아합니다. 제가 오늘 편지를 쓰는 이유는 9.11테러와 관련하여 논란이 있는 과학적 해석에 대해 여쭤보기 위해서입니다. 선생님이 그날 현장에 있었다는 걸 잘 알고 있습니다. 만일 이 이야기가 어떤 식으로든 선생님께 부적절하거나 다루고 싶지 않은 주제라면 미리 사과드리며 선생님의 뜻을 존중합니다.

저는 철강의 녹는점을 고려할 때 (세 번째로 붕괴됐던) WTC-7을 포함해서 세 동의 건물이 통제된 철거법을 사용하지 않고 그런 식으로 무너져 내리는 게 가능한지가 궁금합니다. 〈9.11테러의 진실을 위한 건축가와 엔지니어 모임〉의 리처드 게이지는 무역센터 건물들이 실은 통제된 철거 방식에 따라 무너진 것이라고 주장하고 있으며, 자신의 생각을 사람들에게 알리기 위해 매우 흥미로운 강연 여행을 다니고 있습니다. 선생님께도 그의 동영상을 보시기를 권해드리며, 기회가 된다면 그분과 직접 얘기를 나눠보셔도 좋겠다고 생각합니다.

선생님의 의견이 무엇이든 편하신 대로 저에게 알려주시면 감사하겠습니다. 이런 주제는 선생님처럼 존경받는 사람들의 의견이 정말로 필요합니다. 늘 잘 지내시길 바랍니다. 감사합니다!

– 사이먼 네일러 올림

네일러 씨께

독특한 사건들에는 언제나 설명할 수 없는 요소가 존재하는데, 그 이유는 전례가 없기 때문입니다.

그러나 우리는 진실과 진실이 아닌 것을 아는 것과 모르는 것 사이의 차이를 항상 인지하고 있어야 합니다. 사건이 일어났을 때 그 사건의 진상에 대한 독창적인 설명(특히 음모론자들이 내놓는 설명)이 쏟아져 나오는 부분은 진실 여부를 모르는 쪽과 관련이 있습니다.

그리고 물론 음모론자들은 조사를 시작하기 전부터 이미 답을 알고 있으며, 조사는 그들의 해석에 악영향을 줄 뿐입니다. 그들은 자신들의 주장을 뒷받침하는 증거는 받아들이고 반대되는 것은 거부하거나 무시하거나 아예 알아채지 못한 채 넘어가버립니다. 이런 심리적 효과는 과학자들 사이에서는 이미 잘 알려져 있으며, 그렇기 때문에 동료 검토가 그토록 중요한 것이죠.

무역센터 건물들이 철거 방식에 의해 무너졌다는 가설이 옳다면 건물은 중력에 의해 거의 자유낙하하는 속도로 붕괴했어야 합니다. 9.11테러를 부정하는 사람들은 건물들의 급속한 추락을 그 증거로 들었고요. 나도 이 주장이 흥미로워서 나름대로 테스트를 해보았습니다. 사건을 촬영한 동영상을 가지고 건물이 붕괴되는 데 걸리는 시간을 측정한 것이죠. 실제로 두 건물이 낙하한 시간은 자유낙하와 비교할 때 약 2배 정도 더 오래 걸렸습니다. 학부 1학년 물리학 강의에서 배우는 방정식으로 간단히 계산할 수 있는 결과입니다.

나는 9.11을 부정하는 사람과 이메일로 열띤 토론을 벌이던 중 이 결과에 대해 알려주었습니다. 그 사람은 재빨리 10여 명의 다른 사람들을 참조로 포함시켜 답장하면서, 내가 거짓말을 하고 있으며 정부에 빌붙은 사람이라고 비난하더군요.

한편 9.11을 부정하는 사람들은 그들의 주장을 강하게 반대하는 증거인 건물의 느린 낙하 속도를 전혀 인용하지 않고 있습니다.

그날의 사건에서 설명할 수 없는 몇몇 요소들이 그들의 장사밑천인데, 이런 요소들을 그들은 자신들의 주장을 지지하도록 짜깁기해 제시하고 있습니다. 물론 그런 사항들이 아직은 설명이 불가능하기 때문에 누구의 주장도 지지하거나 부인하지 않는다는 점은 간과하고 맙니다.

– 닐 디그래스 타이슨 올림

상징주의, 신화 그리고 의식

2009년 11월 15일 일요일

타이슨 씨에게

제가 드리는 질문들을 너무 이상하게 생각하지 않으셨으면 좋겠습니다. 저는 지금까지 제가 해온 고대 자료와 비전秘傳 자료들에 대한 연구를 바탕으로, 무역센터에 대한 공격이 (좀 기이하게 들릴 수 있겠습니다만) 천체의 움직임에 따라 조율되었을 가능성이 있을지, 이런 아이디어를 고려해볼 만한 가치가 있을지를 연구하고 있습니다. 이러한 가능성을 객관적으로 따져보기 위해서는 그날, 구체적으로 말해서 공격이 시작되었던 오전 8시 46분부터 공격이 종료된 10시 28분 사이에 천체들의 위치가 어떠했는지 (제 연구의 목적을 위해) 정확히 파악할 필요가 있습니다.

저는 상징주의, 신화, 의식儀式에 강한 관심을 가지고 있으며, 비록 그것이 명백해 보일지라도 인간의 폭력이 지닌 의식적 측면에 대한 논의에 학문으로서의 진지성과 진실성을 부여하기 위해 노력하고 있습니다. 여기에 대해 선생님이 어떤 의견을 제시하더라도 경청하겠습니다. 시간 내주셔서 감사합니다.

– 톰 브리덴바흐

톰에게

사람들은 우주에서 일어나는 일을 끊임없이 과대 포장해 해석하곤 합니다. 지구에서 일어나는 사건을 우주의 현상과 연결시키려는 강하고 깊은 충동을 느끼죠.

드물게 일어나지만 딱히 재미는 없는 어떤 사건을 생각해봅시다. 우주에서는 이런 일이 항상 일어나고 있지만, 사람들은 그런 아무 의미 없는 사건에 속아 넘어가 억지로 의미를 부여하곤 합니다. 예를 들어 두어 달 전에 보였던 초승달과 금성의 조합은 앞으로 5,000년 내에는 다시 보이지 않을 것입니다. 그러나 이와는 다른 형태의 초승달과 금성의 조합 역시 앞으로 5,000년 동안은 보이지 않을 겁니다. 다시 말해 적어도 해마다 한 번은 어떠한 형태의 초승달과 금성의 조합을 볼 수 있다는 뜻이죠.

따라서 드물게 일어나는 아무 의미 없는 사건을 놓고, 미신을 믿는 사람들은 그와 비슷한 사건이 발생할 빈도수를 함께 고려하지 않은 채 비이성적인 의미를 부여하는 경향이 있다는 것입니다. 2001년 9월 11일 이후 (날짜와 연도에 관한) 수비학數祕學, numerology적 해석이 상당히 많이 나왔죠. 그러나 현실적으로 아무 날짜와 연도를 선택하더라도 여기에 의미를 부여하겠다는 굳은 의지를 가진 사람의 손에만 들어가면, 수적인 우연의 일치는 귀중한 발견이 되고 해당 날짜는 특별한 의미를 지니고 있다는 환상을 심어주게 되는 것입니다.

지구에서 일어나는 사건에 대하여 형이상학적 의미를 찾고 계신다면, 테러리스트들은 지구에서 일어났던 사건을 세상에 알리기 위해 공격을 계획하며 이때 우주는 전혀 참고하지 않는다는 사실을 명심하십시오.

– 닐

9 믿거나 말거나

To Believe or Not to Believe

뚜렷한 증거 없이도 믿고자 하는
인간의 영혼의 능력은 한계가 없다.
자신들의 믿음을 피력하려 나에게 편지를 쓴 사람들은
거의 모두 다 나를 자기편으로 끌어들이려 애를 썼지만,
그와 동시에 진지한 호기심도 드러내보였다.
교육자로서 나는 그들과 교류하는 데 주저함이 없지만,
또한 세상을 이해하고자 하는 끊임없는 시도 속에서
인간의 마음이 생각과 연결되는 방식에 대한
호기심이 생기기도 했다.

신의 눈

2005년 5월 20일 금요일
인터넷에서

신이 망원경 반대쪽에서 거꾸로 우리를 바라보고 있나요?

NASA는 그걸 "신의 눈"이라고 부르더라고요.

이건 너무 근사해서 공유를 안 할 수가 없었어요!

이게 그 사진이에요.

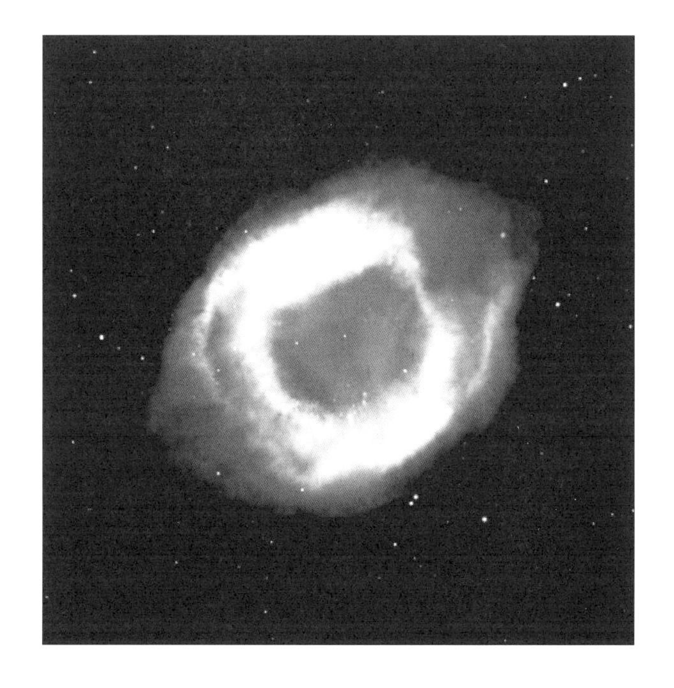

이게 진짜 사진일까요?

오빠와 오빠의 가족에게 다정한 인사를 보내며.

-니키 브랜포드•

• 인생을 함께한 친구의 여동생으로부터 온 편지

안녕, 니키

진짜 사진이야. 우리 은하 안에 있는 진짜 천체고 "NASA 성운"이라고 불리지. 또는 NGC7293으로 부르기도 해. 허블망원경으로 찍은 사진이란다.

하늘을 올려다보고 뭔가 아름다운 것을 발견하게 되면 그것을 신이라고 부르고 싶은 충동이 무척이나 강하게 생기지. 기원 후 1세기에, 유명한 천문학자이자 수학자인 클라우디오스 프톨레마이오스도 하늘의 별들을 관찰하고 행성의 움직임을 연구하면서 그런 감정을 느꼈고, 이런 글을 남겼단다.

> "천체가 구불구불하게 이리저리 움직이는 경로를 기쁜 마음으로 추적해갈 때, 나의 발은 더 이상 땅에 닿아 있지 않다. 나는 제우스의 존재 그 안에 서 있으며, 나에게 채워진 암브로시아를 마신다."•

이 글은 내가 제일 좋아하는 인용구 중 하나란다.

그러나 사실 나의 호기심은 같은 우주 안, 대자연 안에서 벌어지고 있는 모든 일들에 대해 발동하고 있지. 사람

• Owen Gingerich, *The Eye of Heaven: Ptolemy, Copernicus, Kepler* (Washington, DC: American Institute of Physics, 1993), 55. 이 에피그램은 AD 150년경 프톨레마이오스가 저서 《알마게스트》에서 쓴 것이다.

들이 특별히 신의 위대함을 느끼며 시적인 감상에 빠지지 않는 그런 일들. 이를테면 급속히 성장하는 암세포, 치명적인 선천적 장애, 사람을 죽이는 쓰나미, 지진, 화산, 허리케인, 소행성, 에볼라 바이러스, 치명적인 기생충, 말라리아를 매개하는 모기들, 전염병을 매개하는 쥐, 라임병, 심장질환, 뇌졸중, 맹장염, 종種의 멸종……. 이 긴 목록은 사실상 끝이 없어. 이와 비슷하게 길고 긴 목록에 담길 자연의 기분 나쁘고 섬뜩한 것들은 또 어떻고? 집먼지 진드기나 타란툴라의 아랫배를 확대한 영상, 또는 거머리의 강한 턱, 바나나 괄태충의 끈적끈적한 꼬리, 벼룩에 감염된 개의 아랫배 같은 것들 말이야.

그래서 나는 NASA 성운을 볼 때면, 그냥 우리 은하의 아름다움에 숨이 막힐 뿐이지 그것에 대하여 누군가를 칭송하거나 비난하고픈 충동은 특별히 느끼지 않는단다.

– 닐

스스로 생각하기

2011년 12월, '레딧'의 인터넷 채팅창에서 '지구상의 지성인들이 꼭 읽어야 할 책'이 무엇이냐는 질문을 받았다. 나는 여기에 대해 8권을 꼽고, 각각에 추천 이유를 설명하는 짧은 글을 달았다. 나는 성경을 1순위로 꼽았지만, 내 설명에 많은 신자들이 불쾌해했다. 그로부터 몇 년 후, 나는 글에 달린 코멘트들을 읽고 거기에 대한 답을 달았다.

우선 내가 제시한 목록과 추천 이유는 다음과 같다.

1. 성경

"…… 다른 사람들에게 생각과 믿음을 강요받는 것보다 스스로 생각하는 것이 더 어렵다는 것을 배우기 위해."

2. 《세계의 체계》, 아이작 뉴턴

"우주가 인간이 이해할 수 있는 공간임을 배우기 위해."

3. 《종의 기원》, 찰스 다윈

"지구상의 생물들에 대한 동류의식을 배우기 위해."

4. 《걸리버 여행기》, 조너선 스위프트

"여러 풍자적인 교훈이 있지만 그중에서도 인간은 대체로 '야만적'인 동물이라는 것을 배우기 위해."

5.《이성의 시대》, 토머스 페인

"이성적 사고의 힘이 자유의 원천임을 배우기 위해."

6.《국부론》, 애덤 스미스

"자본주의가 자연을 구동하는 동력인 '탐욕'의 경제라는 것을 배우기 위해."

7.《손자병법》, 손자

"동료 인간을 죽이는 기술이 예술로 승격될 수 있음을 배우기 위해."

8.《군주론》, 마키아벨리

"권력을 갖지 못한 인간은 권력을 얻기 위해, 권력을 가진 이는 그 권력을 지키기 위해 할 수 있는 모든 것을 다 한다는 것을 배우기 위해."

그리고 성경에 대한 나의 코멘트는 왜 칭찬의 말이 아닌가?

1. 유대-기독교의 성경은 지금까지 세상에 알려진 것들 가운데 종족주의적 갈등을 유발하는 가장 거대한(단일한) 원인일 가능성이 있습니다. 일부의 왜곡된 해석이 문제일 뿐 성경 자체에는 문제가 없다고 주장하는 사람들에게 나는 아

무 불만도 없습니다. 그러나 그렇다고 해서 스스로의 자유로운 생각이 아니라 신의 뜻이라고 일컬어지는 성경 구절에 따라 행동하는 사람들을 용서할 수 있는 것은 아닙니다. 이러한 행동은 난공불락의 권위, 즉 도그마를 바탕으로 한 계층을 형성합니다. 도그마의 영향을 받는 사람은 다른 사람이 지시하는 대로 말하고, 행동하고, 생각하게 됩니다. 그리고 이는 스스로의 생각에 따라 처음 도그마를 성립시켰던 힘에 저항하는 것보다 훨씬 쉽습니다.

2. 물론 종교가 이 세상 모든 도그마의 유일한 원천은 아닙니다. 세상에는 정치적 도그마도 있고, 문화적, 종족적 도그마도 있습니다. 심지어 경우에 따라서는 과학적 도그마도 있죠. 그러나 과학은 자체적으로 그런 도그마를 탐색할 방법과 도구를 갖추고 있기 때문에 과학 내에서 도그마가 발생하더라도 오래 가지 못합니다. 또한 과학자들은 권력을 휘두르는 경우가 거의 없다는 것도 고려해야 합니다. 따라서 과학이 한 나라의 도그마가 되는 경우는 일반적으로 도그마 그 자체인 정치 체제가 과학을 수용하기 때문인 경우가 많습니다. 나치 독일 그리고 공산주의자이자 생물학자인 리센코가 통치했던 구 소련이 아마도 가장 좋은 예일 것입니다.

3. 애초에 내게 주어진 과제는 지성인이 꼭 읽어야 한다고 '내가' 생각하는 책을 고르는 것이었습니다. 인간의 조건과 그것으로부터 파생되는 문명의 궤적에 대한 통찰을 안겨주는 책을 선택하는 것이었죠. 성경을 읽은 후 종족주의자가 된 (일종의 "집단 순응 사고"에 참여한) 사람들은 서양의 역사에 거대한 획을 그은 책임이 있습니다. 이 모든 내용이 단 한 문장, 즉 "다른 사람들에게 생각과 믿음을 강요받는 것보다 스스로 생각하는 것이 더 어렵다"로 이어진 것입니다.

이런 이유로, 나는 이 문장에 담긴 의도와 의미를 고수하겠습니다.

– 존경의 마음을 담아, 닐 디그래스 타이슨

신과 사후세계

2006년 11월 29일 수요일
안녕하세요, 타이슨 박사님
어쩌면 박사님께 부담스러운 질문이 될 것 같은데요. 제가 드릴 질문은 이렇습니다. 박사님은 신과 같은 초자연적 존재와 사후세계의 가능성을 믿으시나요? 만일 믿지 않는다면, 박사님의 아이들에게 종교의 개념과 사람들이 종교를 믿는 이유를 어떻게 설명하실 건가요?

저는 한동안 이 문제를 고민하면서, 만일 신과 사후세계가 없다면 인간이 존재하기 시작한 순간부터 지금까지 이 개념이 어떻게 인간 사회의 바탕으로 존재할 수 있었는지를 스스로에게 물었습니다.

박사님의 답장에 미리 감사드립니다만, 그럼에도 저는 여전히 기도문을 읊조리고 있을 것입니다. 신앙에 대한 작은 투자는 해로울 게 없기 때문입니다. 행여 그분이 진짜로 저 위에 계시고 제가 세상을 뜬 이후에 뭔가가 더 있을지도 모르니 말입니다.

– 웹스터 베이커 올림

베이커 씨께

저는 지금껏 제가 지구에서 또는 우주에서 본 것들이 지성을 가진 어떤 존재가 벌인 행위의 결과물이라는 확신을 얻지 못했습니다.

저는 제 아이들에게 세상의 모든 주요한 종교들을 가르칩니다. 경멸의 대상으로서가 아니라 인류학적인 관점에서 다가가죠. 그리고 그런 접근법이 비교종교학을 이야기하는 가장 합리적인 방법이라고 생각합니다. 그렇게 해서 아이들은 세상에 신과 관련된 다양한 신앙 체계가 있지만 과학은 세상에 오직 하나뿐이며, 우리가 지구에서 태어났든 우주 다른 어느 곳에서 태어났든 상관없이 모두 동일하다는 것을 알게 됩니다.

저는 신이 실제로 존재하는지 아닌지는 모릅니다. 다만 신에게 유리한 증거를 인용하는 사람들이 신에게 불리한 증거가 더 많다는 사실을 간과한다는 것은 잘 압니다.

인간 사회에서 시대를 초월해 광범위하게 벌어졌던 행동들 가운데에는 전쟁과 불의, 힘겨루기, 노예 제도, 착취 등도 있습니다. 인류의 문화 전반에 걸쳐 지속되었다고 해서 그것이 좋은 일이거나 올바르거나 미래에도 적합한 일이라는 의미는 아닙니다.

사후 세계를 믿고 싶은 충동에 대해서는, 지구상 모든 생명체의 역사에서 대부분의 시간 동안 당신이 존재하지 않았음을 기억하세요. 당신이 태어나기 전까지 어떤 상태가 계속 유지되고 있었죠. 떠올리기 어려운 일은 아닐 겁니다. 그렇게 우울한 얘기도 아니고요. 그동안 당신은 이 세상에 존재하지 않았고 그 무엇도 인지하지 못했습니다. 따라서 죽은 후에도 그와 별 차이 없는 상태가 지속될 것이라 생각해도 무리가 없을 겁니다.

만일에 대비해 기도를 하신다는 내용에 대해서는, 닐스 보어의 사무실에 걸려 있던 말굽 편자 이야기가 생각나는

군요. 누군가 이 유명한 물리학자에게 왜 과학자인 당신이 그런 미신을 믿느냐고 물었습니다. 이에 대해 그는 이렇게 대답했다고 합니다. "사람들 말로는 저걸 믿지 않더라도 효험이 있다고 하더라고요."

–닐 디그래스 타이슨 올림

의견 일치

2004년 9월 30일 목요일

닐에게

안녕하세요. 내 이름은 톰입니다. PBS 프로그램 〈오리진〉에서 선생님을 봤는데, 거기에서 우주의 시초에 대해 토론을 하시더군요. 나는 기억할 수 있는 까마득한 옛날부터 우주, 별, 달에 매료되어 있었습니다. 나는 아마추어 무선 통신사이고, 현재는 HAM 라디오 증폭기와 장비를 제작하는 회사에서 일하고 있습니다. 그리고 나는 이 우주의 발전 과정에 대한 이론에 동의하지 않습니다. 이유는 이렇습니다.

나는 기독교 신자이고 실제로 신이 말씀으로 우주를 창조했다고 믿습니다. 어쩌면 다른 별에 생명이 존재할 수는 있다고 생각해요. 여기에 대해서는 가능성을 열어두고 있습니다. 성경에는 그런 언급이 없지만 따지고보면 공룡 얘기도 안 나오기는 마찬가지니까요. 아시다시피 아담과 이브 시절의 지구, 그러니까 죄가 생겨나기 이전의 지구는 지금과는 아주 많이 달랐습니다. 그때는 병이나 죽음이 없었죠. 동물들도 서로 공격하거나 잡아먹지 않았습니다. 그때에는 허리케인도, 토네이도도, 지진도 없었습니다.

선생님은 이런 얘기들이 다 미친 소리라고 생각하실 겁니다. 학교 다닐 때 선생님들에게 과학과 신은 섞일 수 없다는 얘기를 들었지만, 신이 없었다면 과학은 생겨날 수 없었을 겁니다.

선생님과 나는 우주의 기원에 대해 다른 견해를 가지고 있지만, 그래도 의견의 일치를 볼 수 있을 거라 희망합니다. 우리는 모두 과학과 자연을 사랑하니까요.

– 톰 로덴스톡* 올림

톰에게

편지 감사합니다. 우주의 기원에 관한 이야기는 언제나 필연적으로 온갖 형태의 반응을 이끌어내지요. 결국 사람들은 개인적인 세계관에 가장 잘 부합하는 자신만의 필터를 가져다놓는 경향이 있습니다.

* 요청에 의해 가명을 사용했다.

당신의 견해는 당연히 유대-기독교 성경(구약)에서 유래한 것입니다. 여기에서 문제는 이 세상의 수많은 신앙인들이 각자 다른 것을 믿고 있으며, 그들도 특정 신앙 체계 안에서는 당신만큼이나 강한 확신을 가지고 있다는 것입니다. 정령 신앙, 불교, 유교, 힌두교, 유대교, 이슬람교, 신도교, 부두교 등의 신자들도 당신처럼 자신의 신앙이 도덕률이고 정확하며 유일하게 믿어야 하는 것이라고 확신합니다. 기독교 안의 수많은 종파들은 또 어떻습니까. 영국 성공회, 침례교, 천주교, 미국-스코틀랜드의 성공회, 여호와의 증인, 루터교, 모르몬교, 장로교, 제7안식일교회 등등, 이들 종파의 믿음과 전통 역시 모두 다 다릅니다. 과거에는 (심지어 현재에도) 이런 차이를 인정하지 못해 믿음의 이름으로 다른 종파에 대한 살인을 저지르는 열성 지지자들이 양산되었죠.

반면 과학은 지식과 발견의 체계이며 개인의 국적, 출생지, 혈통, 정치, 신앙과 분리되어 있습니다. 자연 세계는 견해가 아닌 실험의 영향을 받으며, 과학은 이러한 자연 세계를 알아내기 위한 하나의 체계입니다.

과학의 방법과 도구를 언급할 때에는 과학자들이 전달하는 태초의 이야기가 등장하게 됩니다. 신앙을 바탕으로 한 자연계에 대한 설명은 과학에 나오지 않습니다. 만약 그랬다면 과학자들은 고대부터 지금까지 이 세상의 작동 원리를 탐구하기 위해 종교 문헌들을 뒤지고 있었겠죠.

다시 한번 관심에 감사드리며, HAM 신호를 하늘로 쏘아 올리는 일에 계속 행운이 있기를 기원합니다.

– 닐 디그래스 타이슨 올림

성경이 나에게 그렇게 말하는데요

한때 독실한 기독교 신자였다가 무신론자가 된 브랜든 핍스는 신학대학에 다니던 시절부터 전직 교수와 설전을 벌였다. 교수는 모든 일에 성경이 옳다고 확신했고, 성경과 일치하지 않는 모든 것은 진보 세력의 음모로 여겼으며, 지구온난화, 진화론, 빅뱅 그리고 과학의 최전선에서 발견된 다른 발견들을 적극적으로 부인했다. 만만찮은 글발과 말발의 소유자인 핍스는 자신이 그 교수에게 쓴 1500단어짜리 답장을 나에게 보내며 나의 의견을 구했다. 다음은 그가 교수에게 보냈던 맹렬한 공격에 대한 나의 답이다.

2010년 2월 14일 일요일

브랜든에게

당신의 격렬한 비판은 단호하고 한 치의 오차도 허용하지 않으며 수많은 정보가 잘 담겨 있군요. 아마도 당신의 편지는 그 교수가 아닌 다른 이들의 눈에는 그냥 쓰레기로 보일 것입니다. 그리고 장담하건대 지금 당신의 나이는 당신을 가르쳤을 때의 그 교수보다 많을 것입니다. 맞습니까?

개인적으로 나는 항상 글의 길이를 압축하기 위해 두 배의 시간을 들입니다. 셰익스피어 스타일의 죄를 짓기를 원하진 않으시겠죠. "신사들은 항의를 너무 많이 하는 것 같아요." (《햄릿》의 대사인 "숙녀들은 항의를 너무 많이 하는 것 같다"를 패러디했다.—옮긴이 주) 또 내가 항상 마음에 새기는 격언이 있습니다. "논쟁이 5분 이상 지속될 때는 양쪽 다 틀린 것이다."

지구온난화와 폭설에 관하여, 나는 사람들이 적설량을 추위와 동일시하는 것을 계속 이상하게 여기고 있었습니다. 극심한 폭설이 일어나기 쉬운 기온은 섭씨 −5.5도에서 0도 사이입니다. 이렇게 비교적 "따뜻한" 온도에서 물의 결정은 더 크고 끈끈하게 자라고, 바닥에 훨씬 더 빠르게 쌓입니다. 따라서 폭설은 따뜻한 눈폭풍의 지표지 추위의 지표가 아닙니다.

그리고 '증명'이라는 단어를 쓰지 않도록 노력해보세요. 사람들은 흔히 과학자들이 '증명'을 한다고 생각합니다. 그러나 증명은 '과학에서의 발견과 확인 과정에서 일어나는 일'로 다소 잘못 알려져 있습니다. 그래서 사람들이 "과학자들은 한때 A가 사실이라고 증명했지만, 이제는 B가 사실이라고 말한다"라는 식으로 말하곤 하지요. 이 말은 실제로는 '가설'과 '이론'의 차이를 보여주는 말입니다.

과학자들은 무엇도 '증명'하지 않습니다. 수학에서는 '증명'이라는 용어의 구체적인 용법이 있지만, 과학에서 우리가 하는 일은 충분한 실험을 통한 '입증'이며 이를 통해 합의가 도출됩니다. 이미 합의가 도출된 내용의 추가적인 증거를 찾는 것은 돈과 노력의 낭비일 뿐입니다. 해결해야 할 다른 문제들도 아직 많이 남아 있으니까요. 그렇게 실험적 합의로 도출한 내용들은, '어느 날 불쑥' 오류로 둔갑하지 않습니다. 현대과학의 시대(지난 400년간)에 일어난 일들을 보면 과거의 아이디어와 실험들은 이후 등장한 더 큰 진리에 의해 깊어진 이해 안에서 모두 포용됩니다.

발전 과정에서 등장하는 아이디어에 대하여, 우리는 이제 '이론'보다는 '가설'이라는 말을 사용하고 있습니다. '이론'은 양자이론, 상대성이론, 진화이론처럼, 자연의 작동 원리를 더 넓고 깊게 이해하는 거대한 아이디어를 위해 아껴두고 있는 것이지요. 19세기에 나온 어떤 이론들은 지금도 '법칙'이라는 명칭을 유지하고 있는데, 당시에는 "법칙"이라는 말이 흔하게 사용되었기 때문입니다. 이를테면 중력법칙, 열역학법칙 같은 것이 그렇습니다. 오늘날에는 이런 것들도 이론으로 불릴 겁니다.

–닐

추신: 당신의 글은 힘이 있지만 상대방보다 글을 더 잘 쓰거나 어휘를 더 많이 안다는 이유로 논쟁에서 이기고 싶지는 않을 겁니다. 주장은 문장력보다는 탄탄한 논거에 의해 힘을 얻습니다.

파이 한 조각

2004년 11월 28일 일요일

닐에게

최근 어느 글에서 원주율에 대한 얘기를 하셨더군요. 지금까지 나온 수학의 역사를 다룬 책들은 구약성경이 원주율의 값을 3이라고 정하고 있는데 이는 다소 조악한 근삿값이라는 내용을 담고 있었습니다. 그러나 최근의 '탐사 연구'를 통해 다른 내용이 확인되었습니다.

사람들은 항상 숨겨진 암호로 오랫동안 감춰진 비밀을 푸는 이야기를 좋아하죠. 성경 안에는 단어 하나만 빼고 완전히 같은 문장이 두 군데에 나옵니다. 그리고 두 문장에서 유일하게 다른 이 한 단어는 그 철자가 다르게 쓰이고 있습니다.

원전 히브리어에서 이 두 경우를 살펴보면, 열왕기 상권 7:23에서는 הוק로 쓰여 있고, 역대기 하권 4:2에서는 וק로 쓰여 있습니다. 여기에 엘리야(구약성경의 예언자가 아닌 18세기의 율법학자 겸 수학자로, '빌나의 가온'이라고도 불렸다.—옮긴이 주)는 '게마트리아'라고 하는 고대 성서 해석 기법을 적용했습니다(오늘날에도 탈무드 학자들이 사용하는 기법입니다). 게마트리아 기법에서는 히브리 글자에 히브리 알파벳의 순서에 따라 숫자를 부여하는데, 이 규칙에 따라 "지름"이라고 하는 단어의 두 철자는 다음과 같이 계산될 수 있습니다.

각각의 글자에 부여되는 수는 ק=100, ו=6 그리고 ה=5입니다. 따라서 열왕기 상권 7:23의 "지름"에 해당하는 철자는 הוק=5+6+100=111이 되고, 역대기 하권 4:2의 경우는 וק=6+100=106이 됩니다. 이런 식으로 게마트리아를 사용하여 두 값을 구한 후, 두 값의 비를 소수점 네 자리까지 구했습니다. 이 값을 엘리야는 "보정계수"라고 보았습니다. 성경에서 말하는 원주율 값 3에 이 보정계수를 곱하면, 3.1416을 얻게 됩니다. π의 소수점 네 자리까지의 정확한 값이죠!

이에 대한 일반적인 반응은 "우와!"입니다. 그 옛날에 이런 정확성은 상당히 놀라운 것이죠. 끈으로 원의 둘레를 재서 π=3.14

를 구한 것만으로도 상당히 위대한 업적이었음을 기억한다면, π를 소수점 네 자리까지 정확하게 구하는 일이 얼마나 놀라운지 깨닫게 될 것입니다. 이 결과는 단순한 끈 측정만으로는 불가능한 것입니다. 제 말이 납득이 가지 않으신다면 한번 직접 해보십시오.

– 뉴욕시립대학교 교육학과장, 앨프리드 S. 포사멘티어

앨프리드 박사님께
탈무드 신비주의자들의 수비학에 몰두하실 필요는 없습니다. 찾고자 하는 답을 미리 알고 있는 상태에서 이미 존재하는 숫자들을 조작해 그 사이의 연관성을 찾는 것은 이 세상을 이해하기 위한 방법 가운데 꽤 역사가 길고 매력적인, 그러나 신빙성이 많이 떨어지는 방법입니다. 수비학의 진정한 가치를 가늠하려면 (그런 가치가 있다면) 이러한 조작을 먼저 하고, 그런 다음 원주율의 값을 '예측'할 수 있어야 합니다. 그러나 이런 일은 한 번도 일어나지 않았습니다. 수의 조합을 통해 하나의 수를 얻는 방법은 무한대에 가까운 경우의 수가 있기 때문입니다. 그리고 만일 당신이 무엇을 찾고 있는지를 모르는 상태라면, 대부분의 경우 아무짝에도 쓸모없는 계산을 하게 될 것입니다.

수비학의 힘은 사실 그 유혹적인 면모에 있습니다. 수없이 많은 예들 가운데 하나를 들자면, 2001년 9월 11일의 테러 공격에 대하여 무수히 많은 수비학적 응용이 세상에 나왔죠. 모두 다 시간, 날짜, 테러범들의 수, 테러범의 이름의 글자 수와 같은 것들이 어떤 의미를 가지고 있다는 주장이었습니다.

문제는 이런 정보가 공격 '이전'에는 존재하지 않았기 때문에 공격을 예측할 기회를 놓쳤다는 것입니다. 사후에 나온 수비학적 추론은 어느 해의 어느 날, 어느 사건에 대해서도 만들어질 수 있지만(그냥 숫자들을 나름의 규칙에 따라 조합하면 됩니다), 그 결과는 우리 눈과 마음에 마법과도 같은 신비로운 연관성을 가진 것처럼 보이죠.

수비학이 즐겨 다루는 주제 가운데에는 케네디의 암살, 이집트 피라미드의 형태와 비율, 세상의 종말, 진주만 공습 그리고 노르망디 상륙일이 있습니다.

그러니 즐기십시오. 그렇지만 수비학은 현실에 대한 진지한 접근이기보다는 일종의 오락거리라는 점은 분명히 아셔야 합니다.

– 닐

불교 신자

2009년 8월 28일 금요일

타이슨 박사님, 안녕하세요.

저는 박사님의 동영상을 매우 즐겁게 시청하고 있습니다. 그리고, 네, 저는 스스로를 신앙을 가진 사람이라고 생각합니다. 그런데 왜 불교신자는 비난을 안 하십니까? 박사님의 동영상을 보면 이 세상에 기독교, 유대교, 이슬람교만 있는 것처럼 말씀하시더군요. 아마 상상도 못 하셨겠지만 저는 불교 신자입니다. 뭐 중요한 건 아닙니다만, 꽤 재미있는 농담거리를 만들어내곤 하죠.

저는 제 아이들이 다양한 아이디어를 접했으면 좋겠고, 스스로 믿고 싶은 것을 결정할 수 있도록 해주려 합니다. 저는 측은지심을 아이들에게 가르치고 싶습니다. 아이들이 과학 또는 종교를 통해 이를 배울 수 있다면 좋은 일이겠죠.

훌륭한 연구를 계속해주세요.

– 토드 백스터

백스터 씨께

저는 제 책에서 (동영상의 내용은 책을 바탕으로 한 것입니다)

과학 교실에 종교철학을 들이고 싶어 하는 사람들만 언급하고 있습니다. 이런 행동은 개신교 근본주의자들에게서 흔히 볼 수 있죠. 이 문제에 관한 한 미국 내 불교, 유대교, 이슬람교 신자들의 움직임은 보이지 않습니다.

모든 신앙 체계가 동일하지 않다는 점도 주목해주십시오. 많은 사람들이 잘못 알고 있는 부분이기도 합니다. 모든 신앙 체계가 동일하다는 개념은 미국에 과학 문맹이 걷잡을 수 없이 퍼져 있다는 증거입니다.

측은지심에 대해서도 말씀하셨는데요. 물론 우리 모두가 그런 마음을 가져야 하죠. 그러나 한 종교에 헌신한다는 것은 결과적으로 다른 종교들을 모두 배척해야 한다는 의미일 때가 많습니다. 성전聖戰에서 측은지심을 발견하기란 거의 불가능에 가깝습니다. 물론 구약성경에 나오는 중요한 이야기들 가운데에서도 측은지심 같은 것은 찾아볼 수 없고요.

–닐 디그래스 타이슨

열린 마음

2009년 8월 13일 목요일

타이슨 박사님께

저는 박사님을 매우 존경합니다. 그리고 내 교회도 사랑합니다. 그래서 무척이나 혼란스럽습니다. 한 가지 질문을 드리고 싶은데요. 과학자로서 열린 마음을 가지고 계시리라 믿습니다. 지구의 나이가 5,000년 또는 6,000년밖에 되지 않았을 가능성은 정말이지 '조금도' 없습니까?

나는 그저 이 세상에 신이 없다면 내가 끔찍이도 외롭고 하찮은 존재라고 느껴질 것 같다는 말씀을 드리려는 것입니다.

– 케빈 캐롤

케빈에게

지구의 나이가 5,000년 또는 6,000년일 가능성은 없습니다. 자주 말해왔지만, 우주의 미래를 예측하기 위해 종교 문헌을 참고한다면 틀린 답을 얻게 될 것입니다. 노력이 부족해서 그런 것이 아닙니다. 좀 더 정확히 말하자면 이전에 종교 문헌을 참고해 미래를 예측하려던 시도는 모두 실패했습니다.

그 대신 갈릴레오의 금언을 생각해봅시다.•

> "나의 마음속에서 신은 두 권의 책을 썼다. 첫 번째 책은 성경으로, 가치와 도덕에 관한 답을 여기에서 찾을 수 있다. 신의 두 번째 책은 자연의 책이다. 이 책은 인간으로 하여금 관찰과 실험을 이용해 우주에 대한 우리 스스로의 의문에 직접 답을 찾을 수 있도록 허용한다."

갈릴레오는 신앙인이었지만, 그럼에도 이렇게 말했습니다.

> "나는 우리에게 감각, 이성, 지성을 허용한 신이 그것을 버려두고 다른 수단으로 찾을 수 있는 지식을 우리에게 주었다고 믿지 않는다. 신은 경험과 실증을 통해 우리가 체득한 물리적 실체에 대하여 우리의 감각과 이성을 부인하라고 요구하지는 않을 것이다."

분명히 말씀드리지만, 신의 존재 또는 부재는 지구의

• Stillman Drake, *Discoveries and Opinions of Galileo*(New York: Anchor, 1957), 173.

나이와는 상관이 없습니다. 서양의 종교인들 가운데 대부분(80% 이상일 것으로 추측합니다)은 이를 알고 있습니다. 지구의 나이를 신의 존재 여부와 연결 짓는 사람들은 종교 커뮤니티 안에서도 소수에 불과합니다. 어쩌다 보니 그들은 다른 대다수의 사람들보다 목소리가 크고, 그래서 그들이 주류이며 다수를 대변한다는 (그릇된) 인상을 주고 있습니다. 세상에는 진화론을 공개적으로 지지하는 종교 단체들이 수없이 많습니다. 그런 진화론이 성립하려면 지구의 나이가 아주 많아야 하고요.

당신의 탐구에 행운이 따르기를 바랍니다.

– 닐 디그래스 타이슨 올림

증명

2005년 9월 19일부터 2006년 5월 8일까지

안녕하세요.

선생님이 무척 바쁜 사람인 건 잘 알지만 제 보잘것없는 이메일에 답장을 해주시기를 바라고 있습니다. TV에 나온 선생님을 보면서 여러 가지 감정을 느끼게 되었습니다.

먼저, 저는 동료 흑인이 PBS의 〈노바Nova〉(제가 좋아하는 프로그램 중 하나입니다) 같은 멋지고 대중적인 TV 프로그램에서 과학 이야기를 하는 걸 지켜보는 게 행복합니다. 우리에겐 과학 분야에서 활약하는 흑인들이 더 많이 필요하죠. 그리고 〈노바〉는 더할 나위 없이 훌륭한 기회입니다. 저 자신도 전기 엔지니어이고(두 개의 엔지니어링 회사를 창업했습니다) 과학을 무척이나 사랑합니다.

반면에 선생님이 신을 믿지 않고, 모든 것이 임의의 확률에 의해 존재하게 되었다고 생각하시는 것 같아 매우 유감입니다. 저는 전기 엔지니어로서 복잡한 제품을 제작해왔고, 하나의 제품을 설계해 작동하도록 하는 과정이 얼마나 어려운지 잘 압니다. 세세한 부분의 마지막 하나까지 미리 완벽하게 고려해야 하죠. 이 일을 제대로 해내지 못하면 얻는 것이라고는 불꽃과 연기, 아니면 소비자에게 고소당하는 것뿐입니다. 저는 인간이나 DNA, 우주 같은 복잡하고 견고한 것들이 우연히 또는 빅뱅으로부터 저절로 생겨날 수 있다는 게 도대체 어떻게 가능하다는 건지 믿기지가 않습니다.

저는 왜 우주가 신에 의해 창조되었다는 것을 선생님이 믿지 않는지 궁금했습니다. 도대체 어떻게 이런 복잡한 우주가 우연한 확률로 창조되었다고 믿을 수 있을까요? 개인적인 연구를 통해 저는 신이 존재해야 하는 과학적 이유를 무수히 많이 발견했습니다.

신이 모든 것을 설계했다는 것을 사람들이 눈치챈다면 과학자들은 패닉에 빠지게 될 겁니다. 누가 그것을 설계했는지 이미 다 알기 때문에 세상을 발견하려는 노력을 멈출 것이라고 생각할 테니까요.

그러나 설계자가 신이라는 것을 안다고 해도 더 많은 것을 발견하고 싶어질 겁니다. 이 세상이 고약하게 설계되었다고 말하는 사람도 많지만, 저는 그렇게 생각하지 않습니다. 이 세상의 모든 것에는 한계가 있고 타협점이 있으며, 우리가 (심지어 신도) 무엇을 어떻게 하든 물리적 존재는 완벽하게 설계될 수 없습니다.

예를 들어, 물리적인 존재가 어떻게 모든 공격에서 살아남을 수 있을까요? 태양으로 집어던진다 해도 흠집 하나 나지 않고 살아나올 수 있을까요? 그것을 물속에 1년 동안 넣어놓아도 살 수 있을까요? 화산 안에 집어넣어도 살 수 있을까요? 그것에 독성 폐기물을 들이부어도 죽지 않을 수 있을까요? 조류독감, 에이즈 바이러스, 암세포를 뒤섞어 주입시켜도 그런 바이러스들이 다 튕겨져 나올까요? 이 모든 걸 견뎌낼 수 있는 건 아무것도 없습니다. 심지어 견뎌낸다 해도, 우주 안에는 그것을 죽일 수 있는 것이 항상 존재합니다.

저는 신이 이 모든 것을 알고 있다고 믿습니다. 따라서 그분이 하신 일과는 상관없이, 우주 안에는 그의 물리적 창조물을 죽일 수 있는 것이 항상 있습니다. 그러니 굳이 수고롭게 완전무결하게 만들 이유가 없지요. 물리적인 존재는 그것이 무엇이든 죽음을 맞이하게 될 것입니다. 그것이 '물리적'이라는 말의 의미입니다.

두서없는 이야기를 들어주셔서 감사합니다!

-나이젤 스미스 올림

나이젤에게

'디스커버리 인스티튜트'의 웹페이지와 2005년 펜실베이니아주 도버 법정 소송에서 지적 설계론 지지자들이 밝힌 주장에 따르면, 현대의 지적 설계론은 우리가 알지 못하는 것(이를테면 생명의 기원과 같은 것)을 설명할 경우에만 논의되고 있습니다.

만일 당신이 우리가 알고 있는 어떤 것도 지적 설계자의 작품이라고 개인적으로 선언하신다면, 사실상 모든 것이 다 지적 설계자의 작품이라고 아무런 제약 없이 선언할 수 있겠죠.

좋은 설계와 나쁜 설계의 비교, 특히 '수백만 톤의 유성을 직격탄으로 맞고도 살아남아야 한다'는 주장은 제가 제시할 수 있는 한 유례가 없는 것입니다. 그런 위험은 극단적으로 드물기 때문에 그런 능력을 가진 사람이 있다면 '과도하게 설계'된 것일 겁니다. 그러나 우리 인간에게 질식사는 흔한 일입니다. 익사도 그렇죠. 소아 백혈병을 비롯한 대부분의 선천적 결손증도 마찬가지입니다. 제대로 된 정신을 가진 엔지니어라면 액체나 고체를 삼키고 다른 동족들과 소통하는 데 쓰는 구멍으로 인공호흡까지 해야 하는 시스템을 설계하지는 않을 것입니다. 그렇다면 당신은 어디에 선을 그어야 하느냐고 묻겠죠? 이성적인 사람이라면 유성의 습격을 그 선의 한쪽 끝에 두고, 질식사를 정반대쪽 먼 끝에 둘 것입니다.

좋은 설계를 부인하지는 않습니다. 좋은 설계는 그냥 보면 바로 알 수 있습니다. 인간의 골격 형태와 기능에서 몇 가지 예를 들자면, 마주보는 엄지(엄지손가락이 다른 네 손가락과 마주보는 구조. 진화론에서 도구를 사용하고 문명을 발전시키게 된 요인으로 간주된다.—옮긴이 주), 입체시立體視, 발화發話 기관, 공이 관절(어깨와 고관절) 등을 꼽을 수 있겠습니다. 그러나 당신은 나쁜 설계를 부인하고 있습니다. 나쁜 설계가 없어서가 아니라 그것이 당신이 가진 종교철학의 범위에서 벗어나기 때문이고, 따라서 그것을 보지 못하기 때문입니다. 물론 당신만 그런 것은 아닙니다. 지난 수백 년간 이런 일은 계속 일어나고 있으니까요. 그리고 아예 그와 같은 생각을 다루는 종교철학 분야도 있죠. 그런 분야를 "변증론"이라고 하고, 그 지지자들은 "변증론자apologist"라고 부릅니다.

그들이 주로 하는 일은 성경 구절에 대한 비판을 반박하기 위해 성경을 느슨하게 해석함으로써 논거를 세우는 것입니다. 그렇게 하면 자연계의 경험적 발견이 성경의 내용과 모순되더라도 모순처럼 보이지 않도록 여지를 만들 수 있습니다. 성경 안에서는 어디에서도 지구를 3차원 사물로 언급하지 않는다는 사실을 예로 들 수 있죠. 성경에서 설명하는 지구는 그냥 단순히 평평한 땅입니다. (일반적으로는 원반처럼 묘사되는데, 예루살렘이 그 중심에 있고 사방으로 땅이 펼쳐지면서 그 끝은 물로 둘러싸여 있습니다.) 이러한 지구의 모습은 당시 사람들이 이해하던 세상의 모습과 일치하며, 성경 외의 수많은 사료에서도 이와 같이 명시되어 있습니다. 그러면 변증론자들은 성경 안에서 "지구의 원형圓形"이라는 구절을 인용하고, 이 "원圓"이 "구球"를 의미한다고 주장하는 겁니다. 그러나 요즘 사람들은 원과 구의 차이를 완벽히 이해하고 있죠.

따라서 그 어디쯤에 우리의 대화가 수렴하지 못하고 어긋나는 지점이 있습니다. 당신은 이미 당신이 어디에 도달하고 싶은지를 잘 압니다. 그리고 신은 그것을 설계하기 위해 이미 그곳에 존재하고 있습니다. 저는 제가 어디에 도달하고 싶은지 알지 못합니다. 그리고 만일 영원토록 변함없는 지성을 가진 신이 그곳에 존재한다면, 그의 존재는 편견 없는 관찰자들이 보는 자연의 책 안에서는 잘 드러나지 않을 것입니다.

자연선택은 절대로 완벽한 설계를 주장하지 않습니다. 좋은 설계라 하더라도 단지 경쟁 대상보다 좀 더 효율이 좋아 후손을 남길 수 있을 만큼 오래 생존하게 해줄 뿐입니다. 그 과정에서 다른 중요한 것은 없습니다.

더 나아가, 저는 우주가 설계되지 않았다고 말한 적이 없습니다. 단지 우주가 설계된 작품이라면, 그것이 보여주는 모든 경이로운 것들과 함께 설계자의 실수를 드러내는 수많은 증거가 있다고 말한 것뿐입니다.

– 닐 디그래스 타이슨 올림

인생의 의미

2007년 12월, 켄터키주 소년원의 수감자인 마크는 어쩌면 가장 심오할 수도 있는 종교적 질문을 보내왔다.

만일 신이 없다면 인생은 어떻게 의미를 가질 수 있을까요? 우리가 이 세상을 살다 간 것을 그 누가 신경이나 쓰겠어요? 우리 중 누군가가 스탈린이든 아인슈타인이든 히틀러이든 테레사 수녀이든 그것이 뭐가 그렇게 중요하겠어요?

나는 마크에게 답변을 보내주었지만, 그것이 유일한 답이라는 전제는 달지 않았다.

마크에게

종종 사람들은, 특히 종교를 가진 사람들은 인생의 의미를 바깥에서 찾습니다. 이를테면 종교적 문헌, 종교 지도자들의 메시지, 종교적 성물 같은 것들을 통해서 말이죠. 하지만 그렇게 평생 동안 바깥에서만 인생의 의미를 찾는다면 당신을 위해 당신 주위에 존재하는 영적인 구조물 없이는 인생을 생각하기가 어려워집니다.

그 대신 스스로의 내면을 들여다본다면 어떨까요? 의미 있는 일을 통해 인생의 의미를 찾는 것은 어렵지 않습니다. 예를 들면 당신보다 운이 좋지 않은 사람들을 돌보거나, 아이들을 키우면서 물리적, 지적, 감정적 성취감을 안겨주는 어려운 임무를 완수하는 것이죠. 종교적 문헌을 들추지 않고서도 스스로 이런 일을 해낼 수 있다면 무척이나 뿌듯할 겁니다. 제가 세운 개인적인 목표는 이 세상을 살다 감으로써 이 세상이 조금 더 나은 곳이 되도록 하는 것입니다. 그리고 이 목표를 실현하겠다는 다짐이 저의 하루하루를 이끌어가고 있습니다.

어떤 사람들은 삶의 의미를 찾는 과정이 폭력이나 다른 사람에 대한 학대와 범죄로 이어집니다. 이기주의자부터 인간혐오자까지, 다양한 사람들이 이런 일을 저지르죠.

그러나 신앙이 없는 사람들만 그런 것은 아닙니다. 우리는 그동안 수없이 많은 종교전쟁을 봐왔습니다. 거기에는 유일신 또는 다양한 신의 이름으로 벌어진 무고한 사람들에 대한 참혹한 학살이 수반되었습니다. 그러니까 올바르게 살기 위해 또는 인생에 의미를 부여하기 위해 신이 필요하다는 당신의 가정은 (물론 많은 이들에게는 이것이 사실이겠지만) 법을 준수하는 보람된 삶의 전제조건은 아닙니다.

제가 길을 건너는 할머니를 돕는다면, 그것은 할머니가 도움을 필요로 하고 제가 그 도움을 줄 수 있어서이지, 이 생에서나 천국에서의 보상을 기대하기 때문은 아니라는 점도 지적하고 싶군요. 선행은 단지 삶의 의미와 자부심을 만들어가기 위한 것입니다. 제 인생에서뿐 아니라 다른 이들의 인생에서도요.

마지막으로, 신앙심이 깊은 사람들은 가끔 이렇게 묻습니다. "신이 없다면, 왜 사람들은 서로에게 예의를 갖출까요?" 또는 "신의 심판이 없다면 무엇으로 범죄나 살인을 막겠습니까?"라고요. 답은 간단합니다. 교도소죠. 법은 사람과 사람, 사람과 재물 사이에 있을 수 있는 그릇된 행동을 제한하기 위해 존재하는 것입니다. 이 방법은 대부분의 사람들에게는 잘 먹힙니다. 실제로 유럽 국가들 대부분은 정치, 문화, 경제 또는 가정 안에서 종교의 역할이 거의 없습니다. 그런 나라의 국민들 가운데 신앙이 있다고 말하는 사람의 비율은 10명 중 1명도 되지 않습니다. 그럼에도 그 나라들의 범죄율은 10명 중 9명이 신앙을 가지고 있다고 말하는 미국보다 훨씬 더 낮지요.

그러니 마음 놓으세요. 당신이 신앙이 있든 없든 간에, 대부분의 서구 사회에서 종교는 문화의 한 측면이지 문화 그 자체가 아니라는 사실도 곰곰이 생각해보시고요.

– 최선을 기원하며, 닐 디그래스 타이슨 올림

IV
카이로스

결단 또는 행동을 하기에

적당한 순간

10 학창시절

School Days

새로운 것을 배우고 인생의 지적 뿌리를 내리는 시기

교사, 학생 그리고 교회와 국가 간의 분쟁

공립중학교 학생이 성경을 인용해 자연계를 설명하는 과학 교사의 수업을 녹음했다. 학생은 이 수업 내용을 세상에 공개했고 이를 다룬 기사는 헤드라인이 되었다. 나는 일반적으로 이런 문제에는 침묵을 지키지만, 이 문제에 대해서는《뉴욕타임스》의 편집자에게 편지를 보내 개입해야 했다.

2006년 12월 21일 목요일
《뉴욕타임스》에 기고한 글

편집자님께
뉴저지의 한 교사가 진화론과 빅뱅이 과학적이지 않고 노아의 방주에 공룡이 실려 있었다고 주장한 것에 대하여, 수정헌법 제1조를 위반했다는 혐의로 기소되었습니다.

이는 교회와 국가의 분리가 필요한 사례가 아니라, 무지한 과학 문맹들을 교직에서 분리할 필요가 있는 사례입니다.

– 뉴욕에서, 닐 디그래스 타이슨

우주 멍청이

여섯 살 때부터 우주에 대한 관심이 많았던 아프리카계 미국인 중학생 로널드 워드(가명)는 곧 있을 과학경진대회에 대하여 나의 조언을 구하기 위해 2008년 4월에 편지를 보냈다. 비행기 조종사나 우주비행사가 되고 싶다는 로널드는 우주 캠프에도 수차례 참여했고 일요일마다 아빠와 함께 직접 제작한 모형 로켓을 발사한다. 그는 발작장애를 앓고 있는데, 그것 때문에 친구들에게 심한 놀림을 당하고 있으며 비행사가 되겠다는 꿈을 접어야 할 수도 있었다. 동급생들은 그를 "우주 멍청이", "너드", "괴짜" 같은 별명으로 부르며 놀려댔고 절대로 과학자나 수학자, 엔지니어가 될 수 없다며 감정 상하는 말을 곧잘 했다.

로널드는 과학경진대회에 멋진 작품을 출품해 상을 받으면 동급생들이 자신에게 친절하게 대해줄 것인지, 또 나도 중학생 때 아이들에게 놀림을 받았는지 궁금해했다.

로널드에게

열정적인 내용의 편지에 감사해요.

나와 동료들은 "우주 멍청이"라는 장난스러운 별칭을 자랑스럽게 사용하곤 합니다. "괴짜"는 사실상 명예의 배지 같은 것이고요. 세상에서 가장 큰 부자 중 하나인 빌 게이츠가 열정적인 괴짜였다는 걸 기억해보세요. NASA의 수장인 마이크 그리핀도 그렇죠. 나도 그렇습니다. 그러니까 로널드가 우주 공간 안의 모든 것에 대해 열정적이라고 친구들이 놀릴 때마다, 다른 곳에 로널드를 이해하는 사람이 수백 수천 명도 넘게 있다는 걸 기억하세요. 그리고 인생에서 자신의 일을 잘 해내는 사람들은 열정적이고 끈기 있는 사람들이란 것도 절대 잊지 말고요.

간헐적 발작장애를 가지고 있다면 분명 우주비행사가

되기는 어려울 거예요. 발작장애 말고도 여러 가지 의학적 증상들, 약물을 처방받아야 하는 만성질환들도 우주비행사가 되는 데 결격사유가 됩니다. 그러나 그런 병이 있다고 해도 얼마든지 똑똑한 사람이 될 수 있고 수학자나 엔지니어, 과학자가 되어 과학 발견의 최전선에서 쓰일 비행기나 우주선을 개발하는 설계자가 될 수 있습니다.

우주로 우주비행사 한 명을 보낼 때마다, 그 뒤에 수천 명의 과학자와 엔지니어가 있다는 것을 기억하세요.

회신 주소를 보니 로키스에 살고 있는 것 같네요. 콜로라도 스프링스는 우주 재단의 본부가 있는 곳이기도 하죠. 한마디로 우주산업과 관련된 모든 것이 집약된, 일종의 우주의 중심 같은 곳입니다. 우주 재단이 하는 수많은 사업들 가운데 우주 기술이 어떻게 일상생활의 제품으로 활용되는지를 보여주는 프로젝트도 있습니다. 그곳에 꼭 한번 방문해보세요. 거기 들르게 되면, 그곳 사람들이 멋진 물건들이 가득 든 상자를 집으로 보내줄 겁니다. 펜, 포스터, 핀, 문진 그리고 과학경진대회에서 사용할 수 있을 만한 가치 있는 것들도요. 예전에 그 재단의 이사회에서 일한 적이 있는데, 본부에 방문할 때마다 우리 집으로 상자 하나 가득 선물을 보내주더군요. 그래서 잘 압니다.

우주 재단에 방문하게 되면, 로널드처럼 같은 반 친구들의 바보 같은 놀림 따위는 쿨하게 무시해버린 다른 친구들을 만나 즐거운 시간을 보낼 수 있을 겁니다.

– 지구와 우주 안에서 최고의 것을 기원하며,
닐 디그래스 타이슨 올림

기초적 호기심

2009년 4월 10일 금요일
타이슨 박사님께
나는 박사님이 우주에 대한 책을 많이 쓰는 게 엄청 멋지다고 생각해요. 나는 언젠가 그 책들을 읽고 싶어요. 또 나는 커서 천체물리학자가 되고 싶어요. 나는 초등학교 1학년이고 나의 살아 있는 영웅에 관한 숙제를 하고 있어요. 이 질문들에 대답해주실 수 있나요?

– 박사님의 친구, 게이브 몹스 올림

1. 행성이 위성을 잡아당기는 중력이 무엇 때문에 생기는지 아시나요?

게이브, 반가워요.

중력은 우주 안에서 아직도 신비로운 힘으로 남아 있습니다. 어떤 사물이 다른 사물의 중력장 근처를 돌아다닐 때는 아인슈타인의 일반상대성이론을 가지고 설명하는데요, 이 이론에서는 중력이 공간과 시간을 휘게 만든다고 말해요. 사물은 그냥 이 휘어진 면을 따라 움직이는 것입니다. 그러나 그것과는 별개로 중력이 실제로 무엇인지를 아는 사람은 아무도 없습니다.

2. 블랙홀은 안 보여서 정말로 연구하기가 어렵나요?

그렇습니다. 그래서 우리는 블랙홀이 그 주위 공간에 미치는 영향을 연구합니다. 블랙홀이 공간과 물질과 에너지에 하는 일은 다른 어느 사물도 하지 못하는 것이에요. 그런 식으로 우리는 이 우주의 보이지 않는 괴물을 연구하고 있습니다. 이를테면 눈밭에 찍힌 곰 발자국을 보면 곰을 직접 보지 않았더라도 곰이 거기에 있었다는 걸 알게 되는 것과 비슷하죠.

3. 이런 생각을 책으로 쓰기 위해 어떻게 공부를 하시나요?

읽고, 읽고, 읽습니다. 생각하고, 생각하고, 생각합니다. 또 읽고, 읽고, 읽습니다.

4. 이런 일들은 정말 재미있어요.

나도 그렇습니다.

5. 박사님이 NASA의 대장이 될 거란 얘기를 들었어요.

나도 같은 얘기를 들었습니다. 그냥 소문이에요.

관심 가져주어서 고마워요, 게이브.

그리고 우주 안에서 늘 말하듯이, 계속 하늘을 보세요!

– 닐

보기만 하고 만지지는 말라

2008년 2월 5일 화요일

타이슨 박사님!

저는 열세 살이고 환경 엔지니어가 되고 싶습니다. 하지만 인류의 마지막 전선이 되어가고 있는 우주와 자연에 대해 배우는 것도 좋아요.

한 가지 궁금한 게 있습니다.

눈으로 보는 것을 만질 수 없다는 게 싫지 않으세요? 박사님이 실제로 할 수 있는 일이라고는 몇 광년 밖에서 눈을 사용해 지켜보는 것뿐이잖아요. 손으로 만질 수 있을 만큼 가까이 다가갈 수 없다는 건 굉장히 짜증나는 일일 것 같아요.

– 마크 자루젤 올림

마크에게

그래요. 관심 가는 대상을 만져볼 수 없다는 건 짜증나는 일일 수도 있습니다. 그러나 천체물리학에서는 망원경이 손만큼이나 좋을 뿐 아니라 많은 측면에서 손보다 더 낫다는 것을 알게 됩니다.

게다가 도대체 누가 퀘이사나 블랙홀 같은 걸 만지고 싶어 한단 말입니까? 그런 걸 만지는 게 그다지 안전하지는 않을 겁니다.

– 닐

아는 것

2009년 4월 7일 화요일

자신이 무엇을 아는지를 어떻게 아나요?

– 데이비드 루니안스키

데이비드에게

나는 서른두 살이 될 때까지 학교에 있었습니다. 그리고 그 이후로는 많이 읽습니다. 학교는 그저 지식을 배우는 곳이 아니라 배우는 방법을 배우는 곳이기도 합니다. 그리고 최상의 조건에서라면, 학교는 평생의 호기심을 자극하는 곳이어야 합니다.

또한 나는 할 수 있는 한 자주 나보다 똑똑한 사람들을 만나 대화를 나누고 함께 어울립니다. 예를 들어 내 아내는 수리물리학 박사학위를 가지고 있습니다. 아내는 나보다 모든 것을 다, 어마어마하게 많이 알고 있죠. 아마 그 밖의 다른 방법은 없을 겁니다.

– 닐 디그래스 타이슨

오명

2008년 7월 24일 목요일

타이슨 박사님께

얼마 전 7월 7일자 《타임》지에 수록된 박사님의 논평을 흥미롭게 읽었습니다. 과학과 수학에서 학생들의 역량을 개선하려면 과학과 수학 공부에 씌워진 오명을 벗겨야 한다는 내용이었습니다.

여러 해 동안 관찰한 끝에, 나는 우리가 거둔 이 형편없는 성과의 주된 원인이 과학과 수학에 뛰어난 사람들에게 언론과 사회가 보여주는 존경심이 대단히 부족하기 때문이라고 강하게 믿게 되었습니다. 학생들이 왜 굳이 사람들이 알아주지도 않는 분야에서 탁월해지려고 노력을 하겠습니까? 예를 들어 최근 신문기사를 훑어보면 셰프, 장교, 의사, 삼림 관리원 등의 직함이 자주 언급된 것을 볼 수 있습니다. 실제로 박사님의 논평이 실린 《타임》지 7월 7일자를 봐도, 닐 디그래스 타이슨이라는 이름 앞에 '박사'라는 칭호는 붙지 않았더군요.

이론물리학 박사학위를 가진 과학자이자 35년 동안 미네소타 대학교에서 수천 명의 학생들을 가르친 사람으로서, 나는 이 주제를 놓고 학생들과 많은 대화를 나누었습니다. 그리고 대화 도중에 우리 사회에서 과학자의 지위가 상대적으로 낮다는 사실이

학생들로 하여금 과학 공부를 회피하고(과목 자체의 어려움도 원인으로 작용하지만) '사회적으로 더 인정받을 수 있는' 다른 직업을 추구하는 이유로 자주 언급되었습니다.

과학 커뮤니티 안에서 가장 두드러진 회원으로서, 박사님은 우리 사회가 과학자를 대하는 태도를 개선해나가는 과정의 초석을 다질 최고의 인물일 것입니다.

시간 내주셔서 감사합니다.

- 로버트 카졸라 박사

카졸라 박사님께

과학자들에 대한 일반인들의 존경심 또는 존경의 부재에 대하여 의견을 들려주셔서 감사합니다. 박사님의 지적은 흥미롭지만, 일반적인 (재현 가능한) 조사의 결과와 내가 인용할 수 있는 여러 사례는 박사님의 견해와 일치하지 않습니다. 오히려 조사의 결과를 보면 고쳐야 할 것이 직함은 아니라는 것을 주장하고 있죠.

salary.com을 통해 우리는 현재 가장 존경받는 직업의 순위를 알 수 있습니다. 물론 40년 전에는 군인과 경찰이 목록에 포함되지 않았을 테니, 세월이 많이 변한 것이겠지요. 그중 상위 10개를 살펴보면 예상했던 대로 변호사, 정치가, 세일즈맨이 빠져 있습니다.

1. 의사

2. 군인

3. 교사

4. 소방관

5. 전문경영인

6. 과학자

7. 엔지니어

8. 경찰관

9. 건축가

10. 회계사

조금씩 다르기는 하지만 다른 조사에서도 직업으로서의 과학자는 적어도 지난 30년간 상위 10위 안에 늘 들었습니다.

그리고 지난 수십 년 동안 영화와 TV 시리즈에서 그려지는 과학자들의 모습에도 커다란 변화가 있었습니다. 미치광이 과학자는 한물간 아이콘이죠. 〈CSI〉나 〈넘버스〉 같은 TV 시리즈들이 주요 시간대 네트워크 범죄드라마로서 공전의 히트를 기록했으며, 이런 드라마에서는 사회화되고 매력적이고 영리한 과학자(화학자, 수학자, 물리학자, 생물학자)들이 주요 역할을 맡고 있습니다. 실제로 이 프로그램들이 방영되며 인기를 끌었던 기간 동안 대학의 화학과와 수학과에 입학하는 여학생 수가 눈에 띄게 늘었습니다. 일례로 오늘날 대학 학부의 수학 전공자 가운데 48%는 여성입니다.

최근의 미국물리학회 데이터를 보면 학계 또는 업계에서 연구하는 중견급 전문 과학자가 받는 12개월 월급의 중간값은 전국 가계 소득의 중간값의 두 배였습니다.

그리고 지금까지 내가 살면서 경험한 바에 따르면, '박사' 칭호를 생략하는 것이 소통의 장벽을 허물고 더 많은 것을 알고 싶어하는 사람들이 다가오는 데 도움이 됩니다. 듣는 이의 사고력을 강화시키는 것은 메시지라는 점을 보여주는 것이지요. 메시지를 잘 전달할 수만 있다면, 사람들은 직함이 무엇이든 상관없이 박사님께 달려갈 것입니다.

그리고 물론 박사님도 아시겠지만, 우리가 속한 과학 분야는 사회과학과는 달리 연구 논문에서 직함이 생략됩니다. 저는 이 전통을 좋아합니다. 이런 전통은 아무런 직함도 없는 대학원생이 선배 연구자들만큼이나 중요한 아이디어를 떠올릴 수 있다는 암묵적 인지라고 봅니다. 논문을 읽는 독자가 누가 누구인지를 반드시 알아야 할 필요도 없고요.

그렇지만 매체와의 인터뷰 가운데 절반 이상은 (인쇄물과 방송) 꼭 내 이름 앞에 '박사' 칭호를 달고, 예우를 표하는 방식으로 사용합니다. 그러나 '박사' 칭호의 사용 여부와는 관계없이, 그들은 과학을 더 많이 배우기 위해 다시 저를 찾아옵니다. 이는 나에게는 존경을 가늠하는 척도 가운데서도 최고의 것입니다.

요즘은 이전의 어느 때보다도 TV 과학다큐멘터리 프로그램의 품질이 좋습니다. 지난 몇 년간 PBS, 디스커버리 네트워크(자회사인 사이언스 채널도 포함해서), 내셔널 지오그래픽, 히스토리 채널에서 방영된 과학 다큐멘터리와 네트워크 채널에서 간간이 방영된 과학 특별 프로그램들의 추이를 살펴보면, 대중이 과학을 많이 접하고 내용에 공감하며 과학에 대한 취향도 많이 발전시켰음을 아시게 될 겁니다.

물론 이 중 어떤 것도 다른 개발도상국들에 비해 낮은 시험 점수와 학업 성취도라는 역설을 설명하지는 못합니다. 그렇다고 그 책임을 과학자를 적합한 직함으로 부르지 않기 때문으로 돌리기는 어려울 것입니다.

박사님의 우려는 합리적이고 정확한 것이지만 앞에서 제가 제시한 정보는 그 우려를 뒷받침하지 않으며, 오히려 반대의 경향을 주장하고 있습니다. 좋은 일이죠.

관심 가져주셔서 감사합니다.

–닐

일말의 의심도 없는

2009년 6월 30일 화요일

타이슨 박사님께

나는 인디애나주의 경찰관입니다. 나는 과학책을 아주 많이 좋아하고, 무엇보다도 선생님의 팬입니다. 박사님이 위대한 과학자이자 유명인이라는 건 알지만 현장에서(범죄 현장이 아니라 도로에서) 과학을 응용한 기술, 즉 관측 기술이나 충돌 사고 손해 조사, 수사 기술이나 발견 기술 등을 써먹을 수 있을지 조언을 얻을 수 있을까 싶어 메일을 씁니다.

나는 박사님의 사고방식을 좋아합니다. 그래서 이 세상을 보는 관점에 대하여 '비전문가'적인 접근법을 알려주실 수 있을지 알고 싶습니다. 내 목표는 더 나은 경찰관/수사관이 되는 것이지만, 가끔은 같은 결론에 도달하기 위해 다른 접근법을 사용하기도 하잖습니까.

언제든 시카고랜드 지역에 오실 일이 있으면 개인적으로 만날 수 있으면 좋겠습니다.

– 로렌스 맥파린 올림

맥파린 경찰관님께

직업 현장에서 과학을 사용하려 노력하신다는 얘기를 보내주셔서 감사합니다. 물론 인기 TV 드라마 〈CSI〉와 그 스핀오프 시리즈들(〈CSI: 뉴욕〉, 〈CSI: 마이애미〉, 〈CSI: 사이버〉)도 범죄 해결에 과학을 사용하는 내용이 전부죠. 비록 그들은 대개 한 번에 시체 한 구 내지 두 구 정도만 다루고, 경찰관들은 아무도 죽지 않는데다가 다들 잘생기기까지 했지만요.

당신이 보내주신 구체적인 사례에 대해, 어쩌면 조금 특이할 수도 있는 제안을 해볼까 합니다.

이제부터 당신이 할 일은 경찰 업무에 물리 법칙을 적용하는 방법을 배우는 것이 아니라, 먼저 물리 법칙을 배우는 것입니다. 이를테면 지역 커뮤니티 칼리지나 대학에서 배우는 "물리 101" 강의를요. 아마 아시겠지만 커뮤니티 칼리지에서는 직장생활을 하는 사람들을 고려해서 강의 일정을 마련합니다. 그러니 커뮤니티 칼리지가 최선의 선택이 될 수 있을 겁니다.

운동, 중력, 힘, 가속, 정역학, 열역학, 빛, 전기에 대해 배우면 그 내용들을 업무에 적용할 방법과 수단은 자연스럽게 알게 될 것입니다. 그런 지식은 자동차 사고, 술집 다툼, 총기 사고, 그 밖에 일상적인 업무에서 접하는 거의 모든 사건들의 기본 요소들입니다.

나도 변호사들에게 사진에 찍힌 태양의 그림자 길이를 바탕으로 사진이 촬영된 시간을 추정해달라는 질문을 받은 적이 있습니다(아마 그 결과에 따라 피고의 유무죄가 달라질 수도 있겠죠). 그런 유의 일을 하신다면 천문학 강좌인 "천문학 101"이 필요할 수도 있겠네요. 어느 쪽을 선택하든 기초물리학은 모두 커리큘럼에 포함될 겁니다.

강의에서 나오는 숙제를 해결하는 일은 어떤 면에서는 당신의 두뇌를 서서히 새롭게 연결하는 작업이 될 겁니다. 그리고 궁극적으로는 자연의 작용을 통해 벼려진 새로운 관점으로 사건을 조사할 수 있는 능력을 키워줄 것입니다.

이전에 물리학과 수학을 배워보신 적이 없다면 이런 강좌들이 다소 낯설게 느껴질 것입니다. 그러나 당신이 '쉬워 보이는' 일을 선택하는 사람이었다면 애초에 경찰관이라는 길을 선택하지 않으셨을 거라고 생각합니다.

행운을 빕니다. 결국에는 배움을 선택한 그 순간을 후회하지 않을 것입니다.

– 닐 디그래스 타이슨 올림

재능 있는 학생

2004년 10월, "명사 연설" 시리즈에 참여하기 위해 켄트주립대학교의 스타크캠퍼스를 방문했다. 나는 연설을 통해 힘든 일의 가치와 학교, 직장, 인생에서의 성공을 향한 야망의 가치를 강조했다. 질의응답 시간에 브로넨이라는 학생이 유치원부터 12학년까지 정규 교육을 받는 영재들을 위한 교육의 중요성에 대해 질문했다. 일주일 후, 브로넨은 내게 편지를 보내 그때 하던 이야기를 이어갔다. 그녀는 초등학교에 입학했을 때부터 '영재'로 분류되었고 교사들에게 꾸준히 무시를 당했다. 교사들은 어차피 그녀가 특별한 도움 없이도 'A'를 받으리라는 것을 알았기 때문이었다. 그녀는 학교에 만연한 이런 분위기 속에서 수많은 영재가 자신의 잠재력을 발휘하지 못할까 걱정했다. 그녀의 편지는 영재교육에 대한 나의 견해를 펼쳐 보일 기회가 되었다.

안녕하세요, 브로넨
본인의 생각을 잘 정리해주어 고맙습니다. 당신의 의견에 대해 몇 가지 답을 드릴까 합니다.

1. 영재 학생이 비영재 학생들의 교실에 함께 있다 보면 대개

는 무시당하기 마련이죠. 그러나 영재가 영재 학생들의 교실에 있으면, 내가 아는 (그리고 들은) 모든 사례를 통틀어 볼 때 시/카운티/주에서 영재들에게 '필요'한 추가적인 자원들을 쏟아 붓습니다. 영재교육 프로그램과 영재학교를 말하는 것인데, 이런 사례는 우리 주위에 많이 있습니다.

2. 내 경험상 학문적인 영재를 확인하는 주요 수단은 IQ 테스트 또는 표준화된 시험입니다. 학교가 사회적 성취를 준비시키는 곳이고, 거기에서 최소 수준 이상의 점수를 얻었다면 사실상 시험 점수는 당신이 어떤 사람인지와는 무관합니다. 성인이 되어 전문성을 갖추게 되면 첫 직장을 구할 때 말고는 누구도 당신의 GPA나 IQ, SAT 점수를 묻지도 신경 쓰지도 않습니다. 주위에 당신보다 나이 많은 사람(30세 이상)이 있으면 한번 물어보시기를 권합니다.

3. 합리적이지만 아직 확인되지는 않은 가정, 즉 성인이 되어 표출되는 야망과 GPA가 직접적인 관련이 없다는 가정으로 넘어가겠습니다. 앞서 말했듯이, 만일 개인의 역량과 GPA가 관련이 있다면 우리 사회에서 위대한 성취를 이룬 인물들(기업가, 법률가, 배우, 코미디언, 예술가, 운동선수, 건축가, 음악가, 정치인, 장군들, CEO, 대통령, 시장, 의원, 주지사, 사회 지도층, 작가, 감독, 프로듀서 등)은 전부 다 학창 시절에 내내 A만 받은 사

람들이었을 겁니다. 그러나 이는 사실이 아닙니다. 따라서 교육을 시작하기 이전 시점부터 야망을 가진 사람이 거의 모든 집단에서 발견되고, 이들 가운데 A를 받는 사람보다 받지 못하는 사람이 더 많다면, 아마도 누군가는 (이를테면 헌신적인 교육자) 야망을 가진 사람들을 찾아 나서야 할 것입니다. 더 좋은 방법은 모든 학생들이 야망을 갖도록 성장시키는 커리큘럼을 설계하는 것이겠죠.

4. 당신에게 내 충고를 따라야 하는 의무 같은 게 있는 것은 아니지만 만약 당신이 교육자로서 명성을 얻고 싶다면, 학생들이 가진 야망의 크기를 가늠하고 평가하여 이를 양성하는 방법을 탐구해보는 것은 어떨까요? 이러한 노력은 그저 '똑똑한' 아이들을 똑똑하기 때문에 발굴해내는 것과는 비교할 수 없는 큰 가치를 우리 사회에 부여할 것입니다.

내가 부탁하는 건 최소한 '영재'라는 타이틀이 '열심히 공부하는 아이'로 바뀌었으면 하는 것입니다. 영재 그룹이 그룹 밖에 있는 사람들에게 배타적이고 범접할 수 없는 곳이 되지 않도록 말입니다.

– 당신의 학업과 경력에 최선을 기원하며,

닐 디그래스 타이슨

정확성

2004년 9월 25일 토요일
《내추럴 히스토리 매거진》 메일함에서

친애하는 수신자 귀하

미국 아카데믹 데카트론USAD을 대표하여 이 편지를 보냅니다. 작년에 귀사로부터 우리의 교육과정 자료집에 2003년 5월 《내추럴 히스토리 매거진》에 실린 닐 디그래스 타이슨의 "먼지에서 먼지로"라는 글을 게재할 수 있는 권한을 얻었습니다.

그 후 우리 교사 중 하나가 내용의 정확성에 대하여 두 건의 불만을 제기했습니다. 나는 개인적으로 이 글의 내용이 정확하고 교사가 틀렸기를 간절히 바라고 있습니다. 정정 기사를 내야 하는 불편을 겪고 싶지 않기 때문입니다.

다음은 교육과정 담당자에게 받은 몇 건의 사례 가운데 하나입니다.

> 이 글에서 태양은 결국에는 "크기가 100배로" 부풀어 적색거성이 될 거라고 말하고 있습니다. 우리 교사 중 하나는 이 내용이 부정확하다고 생각합니다. 태양이 적색거성이 되면 지구의 현재 궤도, 즉 태양으로부

터 9,300만 마일(1억 5,000만 킬로미터)에 이르기까지 부풀 것입니다. 태양의 현재 지름은 86만 4,000마일(139만 킬로미터)입니다. 만일 태양의 크기가 100배로 증가하면 지름은 8,600만 마일(1억 3,800만 킬로미터)이 될 것입니다. 그 말은 태양의 반지름이 4,300만 마일(6,900만 킬로미터)이 된다는 건데, 이는 지구 궤도의 거리의 절반에 약간 못 미치는 크기입니다.

누군가 이분의 염려를 들여다봐 주실 수 있을까요. 도움에 미리 감사드립니다. 답장 기다리고 있겠습니다.

– 테리 맥키어넌 올림

맥키어넌 씨께

문의해주셔서 감사합니다. 당신의 편지는 제 에세이에 게시된 수치의 정확성뿐만 아니라 일반적으로 천체물리학에서 다루는 수치의 정확성에 대해서도 중요한 문제를 지적하고 있습니다.

천체물리학은 과학 분야 중에서도 독특한 분야로 꼽히는데, 그 이유는 우리가 정량화하는 사물과 현상에서 보이는 수치의 범위가 매우 넓기 때문입니다. 예를 들어 별의 나이는 수십만 년에서 수백조 년에 이르기까지 넓게 분포되어 있습니다. 별의 나이는 주로 별의 질량에 의해 좌우되지만 그 밖의 여러 요소에 의해서도 영향을 받습니다.

온도로 따지자면 표면이 수천 도에 불과한 "차가운" 별부터, 핵의 온도가 거의 수백만 도에 이르는 뜨거운 별까지 있습니다.

가장 길게 측정된 전파의 파장은 수 미터에 이르지만, 가장 짧은 파장의 감마선은 1,000억 분의 1미터보다 짧습니다.

우리가 일상에서 측정하거나 정량화하는 것들 가운데 이 정도 범위로 퍼져 있는 것을 발견하기란 쉽지 않습니다. 그렇기 때문에 상점에서 물건을 살 때 반값 할인을 받거나, 어떤 물체의 크기가 다른 것의 두 배라거나, 수많은 물건들의 절반만 담거나 할 때 우리는 심리적으로 이것이 큰 차이라고 생각하게 됩니다. 그러나 천체물리학에서는 측정된 양이 수백, 수천, 심지어 수백만 배까지 차이가 날 수 있다는 것을 알고 있으므로 두 배 정도 차이는 아주 작게 여겨집니다.

천체물리학에서 어떤 양에 대해 말할 때에는 그 양에 다른 물리량이 영향을 미칠 때에만 아주 정확하게 언급합니다. 그렇지 않은 경우에는 그 정도의 '정확도'는 단순히 주의를 분산시킬 뿐 아니라 대부분의 경우에서 관측상 또는 이론적으로 정당화되지도 않습니다.

아마도 500만 년 내에 태양은 죽게 될 텐데, 태양이 죽으면 아주 크게 부풀어 올라 지구보다 안쪽에 있는 내행성들을 삼킬 것입니다. 이렇게 만들어질 둥글넓적한 물체의 "가장자리"는 사실상 정확하게 정의되지 않습니다. (하늘에 뜬 구름의 가장자리가 어디인지 정확히 말할 수 있을까요?) 지구의 대기 역시 선명한 경계면을 갖고 있지 않습니다. 따라서 사람들은 필요에 맞게 값을 선택합니다. 그러므로 여러 장소에 상응하는 지구 대기권의 경계면 높이를 찾아보면 아주 다양한 답들을 찾게 될 것이고, 그 답들 가운데 틀린 답은 없습니다.

다른 예도 살펴보죠. "태양계 안에는 행성이 몇 개나 있는가?"라는 질문은 아주 간단하지만 답은 불확실합니다. 우리 달을 포함해서 행성의 위성 여섯 개는 명왕성보다도 큽니다. 그뿐만 아니라 외행성계의 몇몇 천체는 명왕성과 크기가 거의 비슷합니다(두 배 내외). 따라서 "행성이 몇 개인가"보다 더 중요한 것은 "행성들의 특성은 각각 무엇인가" 그리고 "행성들이 공통으로 가지고 있는 성질은 무엇인가"입니다.

아이작 뉴턴의 생일에 관한 의문은 어떻습니까? 이 문제의 답도 불확실합니다. 뉴턴의 어머니의 말과 보관된 모든 지역 기록에 따르면 그는 1642년 12월 25일에 태어났습니다. 그러나 당시 뉴턴이 태어난 곳인 영국은 율리우스력을 사용하고 있었습니다. 오늘날에는 (1582년 그레고리오 교황이 도입한) 그레고리력을 쓰고 있죠. 그레고리력은 율리우스력과 10일 차이가 나는데, 뉴턴이 살던 개신교 시대의 영국에는 아직 도입되지 않았습니다. 이 열흘의 차이를 고려하면 뉴턴의 생일은 그레고리력 1643년 1월 4일이 됩니다. 두 답은 서로 다르고 모두 타당하지요. 그리고 실질적으로 그는 영국에서 크리스마스에 태어났습니다.

이 모든 내용을 종합하면 나의 마지막 결론으로 이어집니다. 초등학교에서 과학을 가르치는 방식이나 대중들의 일반적인 생각과는 달리, 과학은 정답을 얻는 것보다는 올바른 생각을 찾는 것이 더 중요한 학문입니다. 좀 억지스럽지만 이를 잘 보여주는 예를 들어보겠습니다. 철자법 대회에서 "캣cat"의 철자가 뭐냐는 질문을 받았을 때 "k-a-t"라고 대답한다면, k-a-t가 그 단어의 실제 발음을 옮긴 철자일지라도, 당연히 그 답은 틀렸다고 기록될 것입니다. 여기에서 문제는 같은 질문에 "z-w-q"라고 대답을 했어도 똑같이 틀렸다고 기록된다는 것입니다. 나는 이 예가 우리의 교육 체제의 단면을 보여준다고 생각합니다. 교육 체제 안에서 우리는 생각하는 방법이 아니라 단편적인 지식을 배웁니다.

따라서 과학에 관한 한, 미래의 경쟁을 위해서는 수치

의 정확성보다는 이해력을 테스트할 수 있는 문제를 찾아내야 할 것입니다. 그것이 다음 세대의 학생들뿐만 아니라 이 나라의 지적 자본을 위해서도 봉사하는 길일 것입니다.

–닐 디그래스 타이슨 올림

11 부모 노릇

Parenting

갓난아이들은 사용 설명서를 가지고 태어나지 않는다.
이 세상 수많은 직업 현장에서는 그에 맞는 자격을 갖추고
들어올 것을 요구하지만, 새 부모는 경험이 전혀 없는데도
이를테면 '현장실습'을 하면서 아이를 건강하고 훌륭하게
키워내야 한다. 이러한 현실에 직면한 부모들은 최선의 노력을
다하기 위해 서로의 지혜를 공유하며 도움을 받는다.
때로 성공을 향한 도전은 끝이 없어 보이기도 한다.

복역

2016년 5월 15일 일요일
미국 우편집중국을 통해 온 편지

닐 타이슨 씨께

저는 영리한 두 10대 아이들을 둔 아빠입니다. 아이들의 STEM 공부를 어떻게 장려하면 좋을지 몰라 선생님의 충고를 얻고자 이

편지를 씁니다.

저는 중대한 차량 과실치사 혐의로 샌퀜틴 교도소에서 92개월 복역형을 선고받았고, 아마 2019년 말에 석방될 것입니다. 그래서 제 소중한 아이들과 대단히 제한적으로 소통하고 있습니다(이곳에는 인터넷도 없고, 전화 통화는 15분으로 제한되어 있으며, 면회는 가끔씩 할 수 있습니다). 저는 아이들에게 과학과 수학을 공부하도록 장려하고 싶습니다. 아이들은 천체물리에 아주 열정적으로 흥미를 보이고 있습니다(한 아이는 '최초의 수의사 우주비행사'가 되고 싶어 하죠). 아이들의 잠재력을 감안하여 선생님이 관련 자료나 웹사이트 주소, 아니면 아이들이 성장하고 공부할 수 있는 좋은 기관을 알려주시면 감사하겠습니다.

제가 지은 죄가 이렇게 복잡한 결과를 낳았고, 특히 아이들에게는 이곳에서 제가 예상하는 것보다 더 많은 영향을 끼치고 있을 겁니다. 그럼에도 저는 지금도 계속 성장하고 발전하고 있는 아이들과 함께하고 싶습니다. 이를 위해 선생님이 저에게 줄 수 있는 어떠한 충고도 감사히 받겠습니다.

아이들이 선생님을 만나러 뉴욕으로 가도 될까요? 아버지가 유명한 과학자를 만날 기회를 주선해주었다는 사실이 아이들에게는 아버지의 변함없는 사랑을 보여주는 증거가 될 것입니다. 동시에 특별한 모험이 될 것이고요.

– 캘리포니아 샌퀜틴에서, 웨인 보트라이트

나는 우편집중국을 통해 그곳으로 답신을 보냈다.

보트라이트 씨께

부모 노릇을 하다 보면 위대한 깨달음을 얻게 됩니다. 호기심 많고 스스로 동기 부여가 잘 된 아이들에게 어른이 섣부르게 개입하면 아이들의 야망을 키우는 것만큼이나 짓뭉갤 위험도 따른다는 것이죠. 마음 깊은 곳에서 우리는 이것이 사실임을 잘 알고 있습니다. 흔히 하는 말로, 아이들이 태어나고 처음 몇 해 동안은 말하고 걷는 법을 가르치다가도 그 이후에는 조용히 입 다물고 가만히 앉아 있으라고 가르치지 않습니까.

또한 우리 모두에게는 다소 실망스러운 내용이지만, 부모가 아이들의 인격 발달에 미치는 영향은 미미하다는 연구 결과가 끊임없이 나오고 있고요.

당신의 10대 자녀들은 분명히 인터넷을 자유자재로 사용하고 있을 겁니다. NASA는 언론 매체를 통해 쉽게 접할 수 있고, 유튜브에는 흥미롭고 내용이 충실한 과학 동영상들이 많이 올라와 있습니다. 아마도 당신의 아이들은 호기심의 크기에 비례한 만큼 과학의 최전선에서 벌어지는 일들을 충분히 잘 전해 듣고 있을 거라 믿습니다.

수의사 우주비행사에 관한 문제라면, 애완동물이나 가축을 언제쯤 우주로 보낼 수 있을지 아직은 잘 모릅니다.

그러나 그런 날이 오면 우주를 왕래하는 일이 잦아질 것이고, 그렇게 되면 수많은 우주 수의사들이 필요하게 될 겁니다.

아이들끼리 뉴욕으로 보내시는 대신에 당신이 출소하는 날을 기다려보면 어떨까요. 그래서 직접 아이들을 데리고 오시는 겁니다. 그러면 여행에 대한 아이들의 소중한 추억 속에 당신도 포함되겠죠.

만일 그런 여행이 가까운 시일 내에 불가능하다면 이런 방법도 있습니다. 저는 종종 캘리포니아로 강연을 하러 갑니다. 샌프란시스코에 충성스러운 팬들이 계셔서요. 그때 그곳에서 당신의 두 아이들을 만나 인사할 기회가 생긴다면 무척이나 기쁘겠습니다. 그때까지는, 늘 그렇듯, 계속 하늘을 보세요.

– 닐 디그래스 타이슨 올림

후기: 갱생을 위해 열심히 노력한 웨인 보트라이트는 모범수로 500일 일찍 가석방되었고, 그 이후로 〈샌퀜틴 뉴스 크루〉라는 페이스북 그룹을 열어 동료 죄수들의 모범이 되고 있다.

하는 척하기

2009년 3월 23일 월요일

친애하는 닐

나는 내 아들이 당신을 좋아했으면 좋겠습니다. 그래서 나는 당신을 싫어하는 척해야 할 것 같아요. 그렇게 호의적인 방법으로 똑똑한 모습을 보여주셔서 감사합니다.

– 천문학에 약한, 더그 페디닉 올림

더그에게

무슨 수를 쓰든 그렇게 하십시오.

– 닐 디그래스 타이슨 올림

별이 빛나는 밤에

2009년 3월 24일 화요일

닐에게

어렸을 때 아버지와 나는 커다란 초록색 가정용 스테이션왜건 지붕에 앉아 밤하늘을 보는 걸 좋아했습니다. 우리는 함께 별자리를 찾았고 나는 나만의 별자리를 만들곤 했죠. 내가 제일 좋아했던 것은 "뚱뚱한 호빗" 자리였어요. 하늘에서 눈을 떼지 못했죠. 곧 아버지가 나와 함께 살러 오십니다. 지금은 스테이션왜건이 없지만 나에겐 멋진 망원경이 있고, 이걸로 사람들에게 하늘을 보여주고 있습니다. 아버지가 여기 오시면, 다시 한번 우리는 단둘이 밖으로 나가 함께 밤하늘을 바라볼 것입니다.

– 리즈델 콜라도 올림

리즈델에게

개인적이고 감동적인 이야기를 들려주셔서 감사합니다.

– 당신의 별이 빛나는 밤하늘 아래에서, 닐

홈스쿨링

아이를 집에서 가르치는 수많은 기독교인 부모들은 자연계에 대한 성경적 견해를 커리큘럼에 포함시킨다. 이렇게 공부한 아이들은 흔히 체계화된 과학, 특히 진화론을 바탕으로 한 생물학과 우주의 기원에 대하여 의문을 품게 된다. 리사 맥린은 종교 커뮤니티에 소속되어 살면서 딸을 홈스쿨링하고 있는데, 과학적 발견의 내용과 종교적인 커리큘럼 사이에서 갈등을 겪고 있었다. 2005년 8월에 리사는 이 문제에 대하여 나는 아이들을 어떻게 교육시키는지 물어왔다.

리사에게

솔직한 편지에 감사합니다. 내가 아이들에게 무엇을 가르치는지 물었죠. 거기에 대한 답은 이렇습니다. 나는 아이들이 무엇을 아는지에 대해서는 별로 신경 쓰지 않습니다. 오히려 어떻게 생각하는지를 더 신경 쓰죠. 이것은 아마도 교육의 목표 중에서도 가장 높은 목표일 것입니다. 왜냐하면 인생에서 가장 중요한 순간에는 대개 우리가 알고 있는 것보다 어떻게 생각하는지가 더 중요하기 때문입니다.

생각하는 방법을 가르치는 것은 훨씬 어렵고, 교사와 학생 모두 더 많은 노력을 들여야 합니다. 다른 무엇보다도 생각하는 법을 가르치려면 학생들에게 질문을 하도록 용기를 북돋워주어야 합니다. 그러려면 다 함께 모르는 상태에 놓이더라도 자신의 무지를 불편해하지 않고 인정할 줄 알아야 합니다. 그리고 실험과 탐구를 통해 답을 찾을 수 있어야 하죠.

나는 내 아이들에게 자성磁性을 가르치지 않습니다. 그저 아이들에게 자석 한 보따리를 주고 가져가서 놀라고 말합니다.

나는 내 아이들에게 원심력을 가르치지 않습니다. 그 대신 아이들을 놀이터에 데리고 가서 회전 놀이기구를 같이 탑니다.

나는 내 아이들에게 화학을 가르치지 않고, 그냥 물어봅니다. "너희들, 베이킹소다와 레몬주스를 섞어본 적 있니?" (이 둘을 혼합하면 엄청난 화학반응이 일어납니다. 따님과 함께 해보세요.)

아이들의 손전등이 작동하지 않으면, 나는 "새 건전지 가져와라"라고 말하지 않습니다. "건전지가 다 닳았는지 한번 테스트해보자"라고 말하죠. 그런 다음 건전지를 건전지 테스터에 넣고 전압을 잽니다.

아이들이 내가 모르는 문제를 물어보면, "한번 알아보

자"라고 대답하고 함께 책이나 인터넷을 뒤져 답을 찾습니다.

아이들이 증거가 없는 무언가를 믿으면, 나는 아이들에게 묻습니다. "왜 그렇게 믿는 거니?" 또는 "그걸 어떻게 알아?"라고요.

예를 들자면 요즘 내 딸은 젖니를 가는 시기입니다. 딸아이는 그동안 이를 가져가고 선물을 갖다준 '이빨요정'이 엄마 아빠였을 거라고 생각하고 있습니다. 아이의 이런 생각이 그 아이의 반에서 중대한 토론 주제가 되었습니다. 그래서 아이들은 그 아이디어를 검증할 수 있는 실험을 제안했습니다. 다음에 이가 빠지는 사람은 엄마나 아빠에게 이 사실을 알리지 말고, 그냥 이를 집으로 가져가 조용히 베개 밑에 넣어두기로 한 것입니다. 진짜 이빨요정이 있다면 이걸 알겠지요. 하지만 부모님은 모를 것입니다. 만일 아침에 돈이 없으면, 실험 결과는 이빨요정의 존재를 강하게 부정하는 쪽으로 나온 것입니다. 이 사례는 무엇을 아느냐보다 어떻게 생각하느냐가 더 중요하다는 걸 보여줍니다.

당신의 질문에 관한 직접적인 내용을 살펴보자면, 우선 빅뱅은 우주의 기원에 대하여 제안된 이론 중 가장 성공적인 이론이며 천체물리학 커뮤니티 내에서 합의에 도달한 이론입니다. 사실 우리가 처한 문제는 다른 문제입니다.

사람들은 흔히 과학자들이 하나의 진실에서 다른 진실로 넘어간다고 생각하는데, 이는 틀린 생각입니다. 현대과학의 시대, 즉 이론이 데이터에 의해 완벽하게 뒷받침되는 실험의 시대에서 이론은 어느 날 갑자기 틀린 것으로 밝혀지는 것이 아닙니다. 하나의 이론에 일어날 수 있는 가장 최악의 상황은 우주의 작동 원리에 관한 더 크고 더 강력한 이론 안에 편입되는 것입니다. 그래서 빅뱅은 현재의 형태 그대로 또는 우주에 대한 더 큰 이해의 일부로서 계속 살아남아 있습니다.

그건 그렇고, 종교적 문헌들은 일반적으로 "밝혀진 진리"라고 불립니다. 그리고 그것을 진심으로 믿는 신자들은 그러한 문서들이 신성하며 오류가 없다고 여깁니다. 이러한 믿음은 인류 문화의 역사에서 문제만 일으켰을 뿐이죠. 특히 서로 다른 두 종교가 무엇이 "진리"냐를 놓고 견해가 충돌할 경우에는 더욱 그렇습니다.

그래서 내가 판단하기로, 당신의 아이가 가진 지적 욕구를 충족시켜 주는 데에서 "진리"라는 단어가 "조사"나 "탐구" 같은 단어보다 더 만족스러울 것 같지는 않습니다.

– 당신과 당신 가족의 최선을 기원하며, 닐

무섭도록 똑똑한

2009년 7월 22일 수요일

타이슨 박사님과 그 외 머리가 비상한 분들께

아스퍼거증후군인 제 아들 잭•은 무섭도록 똑똑하고, 차세대 아인슈타인이 될 가능성도 충분합니다. 실제로 아들의 별명이 '아인슈타인'이에요. 저는 잭이 가진 재능을 발전시키는 걸 도와줄 수 있는 똑똑하신 다른 과학자 분들께 선을 대보려 노력 중입니다. 잭의 어휘와 강박관념은 콘셉트 카, 핵융합, 생명공학, 입자가속기, 암흑물질, 반물질, 웜홀, 블랙홀, 나노봇, 질병에 대한 치료제 개발 그리고 수소 같은 것들로 채워져 있답니다! 저는 잭의 지식을 키워줄 방법이 전혀 없어요. 아이는 공립학교에 다니면서 기운이 거의 다 꺾인 상태입니다.

저는 잭이 다른 사람들과 교류하기를 간절히 원합니다. 주변 사람들이 아이와 관계를 맺지 못하고 이해해주지 못하면, 또는 그 아이가 하는 말을 알아듣지 못하면, 앞으로 사람들과의 교류는 불가능하겠죠. 잭은 이제 열다섯 살이 다 되었습니다. 아이는 그간의 몸부림, 외로움 그리고 자신이 무능하다고 느끼는 자괴감

• 요청에 의해 가명을 사용했다.

으로 인해 심각한 우울증의 경계에 있습니다. 그 아이가 이 행성에서 뭔가 '큰일'을 해낼 기회를 영영 얻을 수 없을지도 모른다는 생각이 저를 매우 슬프게 만듭니다.

– 잭의 엄마 올림

잭의 엄마에게

과학의 여러 분야(화학, 물리학, 공학, 천체물리학, 지질학 등)에 종사하는 사람들 사이에서는 아스퍼거증후군의 경계상에 있는 사람들이 드물지 않습니다. 그리고 이 분야에서는 사교적 재능이 지니는 가치가 지적 발달의 가치보다 확실히 덜합니다.

더 나아가서 제가 속한 분야의 학자들에게 높은 성적은 그냥 표준이었습니다. 아마 저희 과 사람들의 3분의 1에서 절반가량은 고등학교 졸업식 때 졸업생 대표였을 겁니다. 그들 대부분은 지적 자극을 학교가 아니라 주로 집에서 혼자 읽은 책에서 얻었습니다. 그런 고독한 학습은 저에게도 해당되는 이야기였고요. 따라서 공립학교가 아드님의 지적 욕구와 흥미를 채워 주기를 바라는 것은 아마 부질없는 기대일 겁니다. 사립학교에 보낼 여건이 되지 않는다면, 무제한의 책과 인터넷 검색이 그 아이에게 마련해줄 수 있는 최선의 환경일 겁니다.

이미 알고 계시겠지만, 서점의 할인 도서 목록을 정기적으로 확인하시면 그리 많은 돈을 들이지 않고도 멋진 '우리집 도서관'을 꾸밀 수 있습니다. 이 세상 모든 주제에 대한 책을 채 10달러도 안 되는 가격에 손에 넣을 수 있는 것이죠.

물론 이런 방법들을 넘어, 당신에게 주어진 임무가 쉽다고는 말씀드리지 않겠습니다. 그러나 분명히 희망이 없는 것은 아닙니다.

– 최선을 기원하며, 닐 올림

반은 흑인

2009년 3월 23일 월요일

타이슨 박사님께

저는 아이들을 뉴욕으로 데려가고 싶습니다. 그래서 아이들이 가지고 있는 과학에 대한 갈증을 해소시켜주고 싶습니다. 저는 아이들이 과학을 두려워하거나 경멸하는 대신 열정적으로 배우고 사랑하도록 이끌어주고 싶습니다. 그러기 위해서는 언제 뉴욕에 아이들을 데리고 가면 좋을지 박사님이 알려주시면 좋겠습니다.

그리고 제 아이들은 반은 흑인이기 때문에, 박사님을 롤모델로 삼기를 바랍니다. TV와 인터넷에서 흑인과 그 혼혈에 대한 부정적인 측면을 자주 보게 되는데, 이에 대한 대응으로 긍정적인 측면도 보여주고 싶습니다.

그래서, 박사님이 사시는 도시로 아이들을 데려가 아이들의 작은 영혼 안에 과학에 대한 열정의 불꽃을 피워주기에 가장 좋은 때는 언제쯤일까요?

– 캐시 L. 존스 올림

캐시에게

저는 '롤모델'이라는 개념이 상당히 과대평가되어 있다는 다소 특이한 견해를 가지고 있습니다. 또는 롤모델을 입맛에 맞게 조립해야 한다고 생각하는 편입니다. 특히 요즘 같은 시대에 성숙기에 접어든 아이들에게는 피부색의 연관성이 득보다 실이 더 많다는 것을 발견했습니다. 피부색을 이유로 누구를 롤모델로 선택하고 누구는 선택하지 않는다면, 그 행동이 당신의 아이들이 실현하고자 하는 야망을 통째로 좌절시키는 일일 수도 있습니다.

만일 저를 보러 오시겠다면, 제가 흑인이기 때문이어서는 안 됩니다. 그 대신 제가 과학자 혹은 교육가이고, 당신이 과학을 향한 아이들의 열정을 지지하기 때문이어야 합니다.

– 닐 디그래스 타이슨 올림

성경 이야기

2017년 2월 26일 일요일

타이슨 박사님께

요즘 열 살 난 제 아들과 토론을 하고 있어요. 그래서 박사님께 편지를 보내고 싶었습니다. 우리는 이전 세대가 해왔던 일을 이어가고 있습니다. 아이를 히브리 학교에 보내는 것이죠. 우리는 아이가 우리의 종교를 이해하고 우리가 어디에서 왔는지를 배울 수 있도록 히브리 학교에 보내고 있습니다. 아! 그건 그렇고, 아들에게는 경미한 자폐 성향이 있습니다. 어젯밤 아들이 제게 히브리 학교는 말도 안 되는 곳이며 그 이유는 자신이 신을 믿지 않고 과학을 믿기 때문이라고 했습니다. 아이는 성경 이야기가 도대체 사실일 수가 없다고 믿고 있습니다. 그리고 저 자신도 아이의 주장이 옳을 수도 있다는 생각을 부인할 수가 없습니다.

어디에서 그런 생각을 얻었느냐고 묻자, 아들은 《코스모스》라고 대답했습니다. 그래서 저는 아이가 박사님을 신뢰하고 존경한다는 것을 알게 되었습니다. (이 부분에 대해서는 박사님께 감사합니다!) 제가 묻고 싶은 건, 둘 다를 믿는 게 가능할까요? 박사님은 저 밖에 더 높은 힘이 존재할 수도 있다고 생각하시나요? 또는 과학과 신앙이 공통적인 기반 위에 있을 수 있다고 생각하시나요?

이렇게 묻는 이유는 스스로 믿음을 가질 만큼 자라난 아들을 존중하기 때문이고, 아이에게 사실로서 증명될 수 없는 것이라면 그게 무엇이든 강요하고 싶지 않기 때문입니다. 박사님이 바쁜 분인 건 잘 알지만, 저는 좋은 부모가 되기 위해 노력하는 중입니다. 시간을 내주셔서 감사합니다.

– 잉그리드 올림

2018년 3월 30일 금요일, 유월절

잉그리드에게

당신이 보내신 사려 깊은 이메일에 대해 곤혹스러울 만큼 답장이 늦었습니다. 최근에 우주 때문에 계속 바쁘게 지냈지만, 그래도 저에게 오는 이메일은 모두 읽습니다. (시간이 좀 걸릴 때도 있지만요.)

자유 국가에 살고 있는 만큼 당연히 일정한 범위 안에서는 당신 아이들을 당신이 원하는 대로 당신이 선택한 신앙 체계 안에서 기를 수 있습니다. 이런 이유로 이 세상의 신앙인들 대부분은 부모의 신앙을 이어받습니다. 기독교인이 키운 아이가 나중에 무슬림이 되거나, 또는 무슬림 가정에서 자란 아이가 나중에 유대교 신자가 될 확률은 지극히 낮습니다. 신앙인의 가정에서 자라는 아이들은 성장해서 다른 종교의 신을 믿기보다는 아예 신을 안 믿게 될 가능성이 훨씬 크죠.

그러므로 아들을 당신처럼 신앙생활을 유지하는 독실한 유대교 신자로 키우고 싶은 마음은 지극히 정상적이고 자연스러운 것입니다. 그러나 따져보면 당신이 아이에게 직접적인 영향을 미칠 수 있는 기간은 기껏해야 18년 정도에 불과합니다. 아드님은 자기 인생의 80% 이상을 당신의 품 바깥에서 보내게 될 것입니다.

제가 지금까지 접해온 바로는 유대교가 수용하는 관행의 범위가 상당히 넓더군요. 열심히 베이컨을 먹는 대담한 유대인부터 유제품과 육류를 다루는 조리도구까지 따로 구분해 사용하는 정통 유대교 종파까지 말입니다. 저는 아무래도 과학자이다 보니 무신론자 유대인을 만난 경험이 훨씬 더 많습니다. 그들은 토라를 신의 말씀이 아닌 이야기를 모아놓은 책으로 봅니다. 이야기의 진위를 따지는 것이 아니라 한 사람의 인생에서 추출해낼 수 있는 지혜와 통찰을 모아놓은 저장소처럼 여기는 거죠.

생각해보세요. 동화를 읽을 때 우리는 그 이야기가 진

실인지 아닌지를 따지지 않습니다. 그 대신 이야기에서 교훈을 얻고 그 교훈을 세상을 보는 견해에 녹여 넣습니다. 그뿐만 아니라 무신론자 유대인들도 신앙생활을 하는 유대인만큼이나 격식을 지켜서 큰 축일들을 지냅니다. 이를테면 유월절 식탁에 엘리야를 위한 자리를 남겨두고, 문을 잠그지 않아서 엘리야가 걸어 들어올 수 있도록 하는 식이죠.

무신론자 유대인이 왜 이런 일을 할까요? 그 답은 어렵지 않습니다. 의식과 전통을 통해 사람들은 끈끈한 결속을 다집니다. 천주교 신자들은 주일 미사에 참례합니다. 무슬림은 하루에 다섯 번 기도를 하고요. 정령 신앙을 믿는 이들은 조상님을 숭배합니다. 사람들은 그런 의식의 이면에 문자 그대로의 진실성이 있느냐 없느냐를 따지지 않고 의식에 참여할 수 있습니다. 참여를 통해 공동체 의식이 생겨나고, 이러한 공동체 의식은 우리 문명에 크나큰 가치를 부여해왔습니다. 공동체 의식에 의해 문명이 교란되는 경우는 타인에게 자신의 생각을 강요하고 힘으로 억압할 때뿐입니다.

아드님이 자폐 성향이 있고 과학을 좋아한다면 당신이 내놓을 수 있는 최선의 패는 고지식하게 종교를 강요할 것이 아니라 아드님이 아름다운 종교적 전통에 계속 참여하도록 장려하고, 그 안에 깃든 씨앗과 뿌리로서의 공동체의 가치를 강조하는 것입니다. 성장하는 자폐아를 키울 때에는 이것만으로도 거대한 도전일 겁니다. 아이가 사람과 사람 사이의 관계가 갖는 애정과 열정의 가치를 포용하도록 하는 것 말입니다.

모세가 지팡이를 뱀으로 바꾸었다거나, 만나가 하늘에서 떨어진다는 이야기를 믿도록 강요하지 않아도 건강하고 지적이며 법을 잘 지키는 아이로 키워낼 수 있습니다.

행운을 빕니다. 제 경험에서 보면 아이를 키우는 데는 운도 꽤 필요하더군요.

– 행복한 유월절을 기원하며, 닐 올림

첫 번째 망원경

2009년 7월 18일 토요일

타이슨 교수님께

저는 이 이야기를 꼭 교수님께 들려드리고 싶었고, 교수님이라면 다른 사람보다 이 이야기를 더 잘 들어주시리라 생각했습니다. 만일 그렇지 않다면 미리 사과드립니다.

저는 제가 망원경에 너무 집착하고 있다는 걸 깨닫고 2003년

형 60mm 미드Meade 굴절망원경을 처분하기로 결심했습니다. 하지만 애리조나주 툼스톤은 작은 마을이라서, 망원경을 팔려고 해봤자 팔아서 버는 돈보다 광고비가 더 들 게 뻔했습니다. 그래서 우체국에 광고지를 붙였죠. "부모님과 함께 사는 10~17세 사이의 어린이라면 누구든 공짜!"라고요. '공짜'라고 표시했는데도 전화를 받기까지는 닷새가 걸렸습니다.

전화를 건 사람은 나중에 열두 살 난 딸과 함께 저를 찾아왔습니다. 저는 두 사람에게 망원경과 컨트롤 박스의 작동법을 보여주었죠. 그러는 내내 아이의 눈은 자동차 헤드라이트만큼이나 크고 동그랗게 반짝였습니다. 저는 아예 H. A. 레이의 《별》•이라는 책도 같이 줬습니다. 1955년에 아버지가 저에게 처음으로 사준 천문학 책이었는데 마침 한 권이 더 있었거든요. 아이의 눈은 더욱 커다래지고 얼굴에는 미소가 가득했습니다.

저는 아이를 가져본 적이 없습니다. 그래서 오늘 저는 그동안 느껴보지 못했던 감정을 잠깐이나마 들여다볼 수 있었습니다. 그 소녀는 이제부터 우주를 아주 많이 들여다볼 수 있을 테죠.

공정한 거래였습니다.

-MJ "모그" 스테일리

• H. A. Rey, *The Stars: A New Way to See Them*(Boston: Houghton Mifflin, 2008).

모그에게
올바른 사람의 손에 올바른 타이밍에 올바른 가격으로 들어간 올바른 망원경만 한 것은 이 세상에 또 없습니다.

– 닐

30번째 결혼기념일을 축하하며

1982년 8월 16일
양피지에 붓으로 쓴 편지

부모님께
이달에 저는 천체물리학 석사학위를 받게 됩니다. 인생에서 성취한 주요한 성과죠. 제가 아는 사람들 중 가장 인자하고 배려심이 많고 이성적인 두 분이 없었다면 이 과정을 통과할 수 없었을 겁니다.

제 성격과 개성, 지혜와 세상을 보는 시야의 기원은 두 분 각각으로 거슬러 올라갈 수 있습니다. 제가 지난 23년간 우주를 바라보는 내내 두 분은 제 발이 땅을 잘 디디도록 붙잡아주셨습니다. 노인과 장애인, 맹인 그리고 다른 약자들과 사회의 불평등의 존재를 깨닫도록 해주셨습니다. 그러면서도 두 분은 저의 흥미에 대하여 지칠 줄 모르는 관용을 보여주셨고, 그 '특별한 렌즈'를 위해 먼 길을 운전해주셨으며, 제 망원경을 차에 싣거나 내릴 때, 들판에 나갈 때나 들어올 때, 계단을 오르내릴 때 운반을 도와주셨습니다.

살면서 저는 수많은 곳에 가보았습니다. 브롱크스의 아파트 22층부터 피콕 팜 로드의 눈을 파서 낸 참호•까지. 모하비 사막의 평원••부터 로크 산 정상•••까지. 브롱크스 과학고등학교에서부터 하버드대학교 천문대까지. 그리고 벨 연구소••••부터 오스틴 텍사스대학교까지. 그 길 위에서 앞서 이끌어주신 안내와 뒤를 받쳐주신 지원, 그

• 내가 7학년일 때, 우리 가족은 뉴욕시의 아파트가 아니라 매사추세츠주 렉싱턴의 전세 주택에서 살았다. 아버지가 케네디 공공정책대학원에서 1년 동안 연구원으로 지내셨기 때문이었다. 그때 우리 집이 피콕 팜 로드에 있었는데, 한번은 어마어마한 겨울 눈폭풍이 휩쓸고 지나갔다. 나는 삽으로 뒷마당까지 길을 내고, 내 첫 망원경을 놓기에 충분한 크기의 참호를 팠다.

•• 9학년으로 올라가던 여름방학 때, 괴짜 중고등학생이 모이는 천문학 캠프에 참여했었다. 이 캠프가 캘리포니아 남쪽 모하비 사막에 위치하고 있었다. 그곳에서 우리는 야행성 인간으로 살며 나란히 놓인 망원경으로 맑은 밤하늘을 관찰했다.

••• 텍사스대학교 오스틴캠퍼스는 웨스트텍사스에 맥도널드 천문대를 운영하고 있는데, 이 천문대는 로크 산 정상에 있다. 이 편지는 대학원 때 쓴 것이며, 1982년 여름에는 그곳에서 관측 활동을 하고 있었다.

•••• 대학 2학년으로 올라가던 여름방학에, 나는 뉴저지주 머리 힐의 벨 연구소에서 물질과학 분과 연구 인턴으로 있었다.

리고 곁을 지켜주신 두 분의 사랑을 제가 항상 느꼈음을 의심하지 말아주세요.

지금껏 제가 공유해온 그대로 앞으로도 두 분이 서로를 공유하시기를 바라며. 두 분의 결혼기념일을 축하합니다.•

–닐 올림

• 부모님은 아버지가 88세에 영면하실 때까지 34년간 결혼생활을 유지하셨다.

12 반박

Rebuttals

가끔은 맞서 싸워야 할 때가 있다.

필요한 수준에 이르기

내 딸은 내가 나온 고등학교에 다녔다. 2012년 2학년 가을학기가 시작되던 때, 딸은 정식으로 미적분학 준비 과정을 듣지 않은 상태에서 미적분학 AP과정Advanced Placement(미국 대학 입시 기관인 College Board에서 주관하는 고급 교과 과정이다.—옮긴이 주)을 수강하고 싶어 했다. 미적분학은 학교에서 엄격하게 선행 과정 이수를 요구하는 과목이었다. 교장선생님은 내게 편지를 보내 학교의 교육은 배치고사로 완성된다며 강경한 태도를 보였다. 학생들은 절대로 자신의 수준보다 높은 단계로 건너뛰어서는 안 되며, 그것이 대학 입학에 필요한 성적을 얻을 유일한 길이라고 강조했다.

제정신인 사람이라면 누가 그들의 목표에 시비를 걸 것인가? 그게 바로 나였다.

브롱크스 과학고등학교 교장선생님께

보내신 편지 잘 받았습니다. 편지에서 이렇게 쓰셨더군요.

"따님의 GPA(평점) 성적을 보호하고 유지하는 것이 우리의 일입니다."

고결한 일입니다. 그러나 제가 지금껏 살면서 경험한 바로는 저 바깥세상에서도 고결하게 여겨질 일은 아닙니다. 과학자로서, 교육자로서 그리고 아버지로서 이에 대응하는 제 의견을 밝힙니다.

"딸의 배움에 대한 흥미를 보호하는 것이 제 일입니다."

배움을 향한 진정한 사랑은 끝이 없습니다. 그러나 GPA는 대학을 마치는 순간 쓸모가 없어지고 나머지 인생 대부분에서는 그보다 더 쓸데없는 것이 없습니다.

제 딸은 수학을 무척 좋아합니다. 그래서 1년간의 선행 과정을 생략하고 미적분학을 수강하고 싶어 합니다. 아이는 목표를 위해 여름방학 내내 혼자 미적분학을 공부했습니다. 그럼에도 학교에는 이러한 의지를 효율적으로 가로막는 시스템이 갖추어져 있군요.

고급 과정으로 넘어가려는 학생을 엄격하게 가로막는 학교의 관행이 언제부터 일반적인 일이 되었는지 모르겠습니다. 특히 여학생들이 STEM 분야에 흥미를 갖도록 추진하는 것이 국가적 우선순위가 된 이 시대에 말입니다. 대부분의 학생들은 최대한 쉬운 강의를 선택합니다. 당연히 GPA 점수를 지키려는 마음에서죠. 고등학생 때 저의 GPA 성적은 워낙 평범한 수준이어서 선생님들에게서 내가 "장차 크게 될 인물"이라는 얘기를 전혀 듣지 못했다는 말씀을 드리고 싶군요. 그럼에도 제게는 배움에 대한 열정이 있었고, 그 열정은 고등학교 선생님들에게는 별 것 아니었을지 몰라도 저에게는 크나큰 가치를 지니고 있었습니다. 대학을 선택할 때도 큰 도움이 되었고요.

제 딸이 학교의 미적분학 선행과목 배치고사에서 어떤 성적을 거둘지는 누구도 알지 못합니다. 그러나 저는 그 시험 성적을 하나의 지침으로서, 아이가 앞으로 미적분학을 공부할 때 느끼게 될 부담을 예상하는 데 사용하시도록 감히 권해봅니다. 허용 가능한 점수 이하의 성적을 차단

하는 울타리로 활용하지 마시고요.

만일 제 딸의 GPA가 걱정되신다면, 걱정하지 마십시오. 아이가 어느 대학을 선택할지, 또는 어느 대학이 딸아이를 선택할지 걱정이 되신다면, 그 또한 걱정하지 마십시오. 그 대신 아이가 어떤 어른으로 성장할지를 걱정해주십시오. 우리는 학교가 "장차 큰 인물이 되고픈" 아이의 욕구를 꺾지 않고, 아이가 배울 수 있는 환경을 잘 갖추고 있는지를 걱정해야 합니다.

만일 딸이 배치고사에서 좋지 않은 성적을 거둔다면 선생님의 역할은 그 자리에 주저앉으려는 아이를 강하게 밀어주는 것일 겁니다. 만일 학교의 경고에도 불구하고 딸아이가 계속 진전하기를 원한다면, 선생님의 역할은 그 아이의 야망을 지원해주는 것이어야 합니다. 하지만 그렇게 해주실 수 없다면, 또는 그것이 선생님의 교육철학에 반하는 것이라면, 이 아이에게는 미적분학에 능통한 부모가 있으므로• 아이의 학문적 발전에 대해서는 전혀 걱정하실 필요가 없습니다.

– 진심을 다해, 닐

• 내 아내는 수리물리학 박사학위 소지자다.

후기: 딸은 학교에서 타협의 일환으로 제안한 미적분학 선행 과목 배치고사를 치렀다. 우리는 아이의 성적이 좋은지 나쁜지 모르지만, 학교에서는 그해에 미적분학을 수강하도록 허락하고 공식적으로 월반시켜주었다. 딸아이는 학기말 AP 시험에서 5점(가장 높은 성적)을 기록했다.

B.o.B.와 평평한 지구

유명한 힙합 아티스트인 B.o.B.("비오비"라고 읽는다)는 지구가 평평하다는 신념을 주장해왔고, 2016년 초에 자신의 생각을 소셜미디어에 올렸다. 나는 대개 그런 시도들을 무시하지만, 그는 수학과 물리 법칙이 지구가 평평하다는 사실을 보여준다는 주장으로 나의 관심을 끌었다. 그런 얘기는 괴짜들의 세상에서는 싸우자는 신호다. 나는 코미디 센트럴 채널의 프로그램 〈래리 윌모어의 나이트 쇼〉에 출연해 래퍼 B.o.B.에게 영상편지를 보냈다.

> 2016년 1월 27일 금요일
> 딱 한 번만 잘 들어요, B.o.B. 지구가 평평해 보이는 이유는 첫째, 당신이 자기 크기에 비해 지구에 너무 가까이 있기 때문이고요. 둘째, 지구에 비해 당신의 크기가 너무 작

아서 휘어진 지구의 표면을 아예 알아챌 수가 없기 때문입니다. 이건 미적분학과 비유클리드 기하학의 기본 사실이에요. 거대한 사물의 휜 곡면 위를 기어 다니는 아주 작은 생물들은 그 곡면이 평지처럼 보인다는 거죠.

그러나 이건 더 큰 문제가 보여주는 하나의 증상일 뿐입니다. 이 나라에는 반反지성적인 압박이 고조되고 있어요. 이건 어쩌면 정보화된 민주주의의 종말이 시작된 것일 수도 있습니다. 물론 자유로운 사회에서는 당신이 원하는 것을 자유롭게 생각할 수 있고 또 그래야 합니다. 지구가 평평하다고 생각하고 싶다면, 얼마든지 그렇게 생각하세요. 하지만 이 세상이 평평하다는 당신의 생각이 다른 사람들에게 영향을 미친다면, 우리 시민들의 건강과 부 그리고 안전에 해를 끼치게 됩니다.

우리는 발견과 탐험을 통해 동굴에서 나오게 되었고, 앞선 세대가 배운 것으로부터 혜택을 받습니다. 아이작 뉴턴은 이렇게 말했죠. "만일 내가 다른 사람들보다 더 멀리까지 봤다면 이는 내가 거인들의 어깨에 올라섰기에 가능했던 것이다." 그러니까, 맞습니다, 당신이 이전에 살던 사람들의 어깨 위에 서 있다면, 적어도 지구가 평평하지 않다는 사실을 깨달을 만큼은 충분히 멀리 볼 수 있어야죠.

그건 그렇고, 우리는 이런 걸 중력이라고 부른답니다.

(그러고는 '힙'하게 마이크를 떨어뜨렸다.)

천치 같은 천체물리학자

특별한 사건이 없었는데도, 보수 성향의 라디오 프로그램 진행자 겸 아이다호 폴스의 지역 신문에 정기적으로 글을 기고하는 저널리스트이자 블로거인 사람이 2016년 8월에 기사 하나를 올렸다. "닐 디그래스 타이슨은 천치 같은 천체물리학자"라는 제목으로 내가 하는 모든 일을 장난스럽게 비평하는 내용이었다. 이 기사에는 소셜미디어라는 링 안에서 정치적 스펙트럼의 반대편에 있는 사람들끼리 부딪힐 때 흔히 볼 수 있는 잽이 가득 차 있었다. 그는 기사에서 나를 진보적인 무신론자로 규정하고, 기후 변화에 관한 그간의 발언과 더불어 나의 학문적 지위에도 의문을 제기했다. 또 내가 예전에 앞으로 있을 올림픽에서 따게 될 국가별 메달 수를 언급하면서, '1인당 메달 수로 따지면 우리보다 작은 나라들이 우리의 엉덩이를 걷어차고 있다'고 트위터에 올린 내용을 비롯해 수많은 진보적인 내용의 트윗들이 반反미국적이라며 비판했다. 그의 이름은 닐Neal 라슨이었다. 나는 그 기사의 댓글창에 첫 번째로 이런 댓글을 달았다.

2016년 8월 23일 화요일
댓글의 타래 중에서

안녕하세요, 닐
먼저 당신의 이름 철자를 정확하게 쓰지 않은 데 대해 당신을 용서하겠습니다.

좀 더 중요한 두 번째로, 저에게 "천치 같은 천체물리학자"라는 꼬리표를 붙인 것에 대해서는 신경 쓰지 않겠습니다(어떤 의미로 그렇게 쓴 것인지는 알고 있습니다). 그것이 사실적인 정보를 바탕으로 한 것이라면 말입니다. 우리가 해야 할 일은 당신의 글에서 부정확한 정보를 빼고, 그런 다음 당신이 나에게 붙이기로 한 꼬리표를 재평가하는 것입니다. 그래도 여전히 "천치 같은 천체물리학자"라는 타이틀이 정당하다면, 그대로 두도록 하겠습니다.

참고:

1. 우주적 관점이란 표면적으로 볼 때 중요하고 특별하고 우쭐댈 수 있어 보이는 것들의 핵심을 바라보는 두 번째 관점을 갖는 것을 말합니다. 올림픽 메달 수는 이런 해석과 무관하지 않습니다. 사실 더 정확한 척도는 1인당 GDP당 메달 수일 것입니다. 그렇게 따지면 한 나라가 소유한 부를 얼마나 효과적으로 또 효율적으로 스포츠에 지출하는지를

알 수 있으니까요. 제가 올린 트윗은 인구수만을 따진 것이지만, 우리가 지금보다 더 많은 메달을 딸 수 있다는 애교 어린 간청이었습니다.

2. 나는 불가지론자이며, 무신론자라는 꼬리표는 전적으로 부인합니다. 이는 인터넷에 올라온 다양한 동영상을 통해 증명할 수 있습니다. 그중에는 심지어 조회수 300만 뷰에 이르는 동영상도 있습니다.
3. 인간이 초래한 기후 변화를 부인하는 사람들은 대단히 부정확한 정보를 들은 것입니다. 이 같은 정보는 정치적으로 진보도 보수도 아니며, 사실을 기반으로 한 것입니다. 물론 이러한 논의에서 환경을 지키기를 원하는 사람들이 진정한 보수주의자라고 주장할 수 있겠지만요.
4. 당신은 "진보"라는 말을 내 정치 성향을 설명하는 타이틀로 사용하고 있습니다. 하지만 나는 그 어떤 활동에 대해서도 정치적으로 공적인 지위를 갖고 있지 않으므로, 나에게 그런 타이틀을 붙이는 것은 적절치 않습니다. 기후 변화를 부인하는 사람들은 제대로 된 정보를 얻지 못하고 있습니다. 그러나 백신이 자폐증을 일으킨다고 생각하는 사람들도 마찬가지죠. 유전자 조작된 식량이 몸에 나쁘다고 생각하는 사람들도 그렇습니다. 과학을 부인하는 이 같은 태도는 정치적 경계를 넘어 존재합니다.
5. 나는 조지 W. 부시 대통령에게 자문위원 역할을 3회 지명

받았습니다. 미국 우주산업의 미래와 NASA의 활동, 해마다 열리는 대통령배 과학경진대회의 자문역을 맡은 것이죠. 당신은 내 견해를 부정하지만, 당신의 생각이 보수 성향을 가진 다른 이들을 대표하는 것은 아닙니다.

6. 마지막으로, 과학자로서 내가 수행한 연구의 결과물은 비밀이 아닙니다. 내 웹페이지에 열거된 출간 목록의 링크를 클릭하시면 쉽게 찾아볼 수 있을 겁니다.

그러므로 당신의 글에서 이러한 요소들을 모두 고려했을 때(아니면 단순히 제거했을 때), 그래도 여전히 나를 "천치 같은 천체물리학자"라고 불러도 될 만한 요소가 남아 있다면, 앞서 말했듯이 나는 괜찮습니다.

– 존경을 담아, 닐 디그래스 타이슨

후기: 닐 라슨은 내 댓글 이후 공개적으로 또 개인적으로 사과와 반성의 뜻을 밝혀왔고, 이후 우리는 이메일 친구가 되었다. 그는 라디오와 팟캐스트에서 〈닐 라슨 쇼〉를 진행하며 간간이 신문 칼럼을 쓰고 있다.

흥분하지 마세요

2017년 8월 7일 일요일

다음의 짧은 트윗을 올린 후

A cow is a biological machine invented by humans to turn grass into steak.

6:38 PM Aug 7, 2017

26.4K Retweets 87.6K Likes

소는 인간이 풀을 스테이크로 바꾸기 위해 발명한 생물학적 기계다.

내가 올린 트윗을 보고 인기 있는 뮤지션이자 채식주의 운동가인 모비는 자신의 인스타그램 계정을 통해 가시 돋친 공격을 해왔다. 다음은 그의 인스타그램 내용이다.

"당신의 영웅이 당신의 마음을 무너뜨린다면. 닐 디그래스 타이슨이, 정말로 그럴 수가! 당신은 어떻게 그런 말을 트위터에 올릴 수 있나요? 매년 인간에 의해 살해당하는 동물들이 말 못할 고통을 겪고 있는데, 그걸 그렇게 가볍게 여길 수 있나요? 축산업이 열대우림 90%의 벌채와 기후 변화의 45%에 책임이 있다는 사실을 그렇게 비아냥댈 수 있나요? 세계보건기구와 하버드의과대학에 따르면 육류 위주의 식단이 심장질환, 암 그리고 당뇨로 이어진다는 사실은 어떻고요? 닐 디그래스 타이슨 씨, 당신은 똑똑한 물리학자면서 무지한 소시오패스 같은 말을 한 겁니다."

– 모비

이에 대해 나는 다음과 같이 답했다.

> 2017년 8월 18일
> 페이스북에 쓴 글, "모비 대 타이슨"
>
> 소에 관한 나의 트윗은 현실을 직설적으로 드러내기 위한 의도로 쓴 것입니다. 소는 기계적인 기계가 아닙니다. 생물학적 기계죠. 단 하나의 목적을 가진 생물학적 기계(물론 우유의 원천으로서의 기능도 포함시킨다면 두 가지 목적이 되겠지만)이며, 사람들은 풀이나 사료를 먹여 소를 크게 키우고, 잡아먹기 위해 죽입니다. 일반적으로 소는 애완용으로 키우지 않습니다. 소는 곤경에 처한 사람들을 구조하지 않습니다. 소는 장애인을 돕지 않습니다. 여기에서 주목할 점은 소가 야생 상태로 존재하지 않는다는 것입니다.

소들은 단 한 순간도 야생 상태로 존재했던 적이 없습니다. 1만 년 전, 농부들은 문명을 위해 현재는 멸종된 '오록스aurochs'라는 종에서 유전적 조작을 통해 오늘날의 소를 만들었습니다.

그러므로 제 트윗은 100% 정확한 사실입니다. 이 트윗에 대한 반응을 보면 사람들은 내가 이 트윗을 통해 어떤 의견을 전달하고 사람들의 동의를 이끌어내려 한다고 생각하는 것 같습니다. 그러나 내 트윗은 기본적으로 의견중립적입니다. 이 소 트윗에 소수의 사람들만이 격앙된 반응을 보이고 있다는 점은 흥미롭습니다. 그들은 인간이 동물들에게 하는 짓이 얼마나 잔인한지를 지적하고 이를 멈춰야 한다고 주장하죠.

몇 년 전 끔찍한 교내 총기난사 사건이 발생한 직후 의견중립적인 트윗을 올렸을 때에도 이와 비슷한 반응을 보았습니다.

Neil deGrasse Tyson
@neiltyson

In Walmart, America's largest gun seller, you can buy an assault rifle. But company policy bans pop music with curse words.

3:00 PM · Dec 22, 2012

13.9K Retweets 3.1K Likes

미국의 가장 큰 총포상인 월마트에서는 자동소총을 판매한다. 그러나 회사 방침에 따라 욕설이 들어간 팝 음악은 금하고 있다.

이 트윗에 보인 반응은 이해하기 쉬웠습니다. 그들은 내가 의견을 강요하는 권위자라고 보고, 이 내용을 자신만의 방식으로 해석하며 분노를 터뜨리고, 내 의도에 대한 판단을 주고받았습니다. 트윗에 대한 반응은 내가 자유 시장과 수정헌법 제1조의 언론 자유 보호, 또는 수정헌법 제2조의 총기 소유 보장을 옹호 또는 공격하고 있다고 정확히 반반으로 갈렸습니다. 그보다 더 적은 수의 사람들, 아마도 20% 정도 되는 사람들이 그 트윗을 있는 그대로 보고, "고맙습니다. 그런 모순에 대해서는 생각해본 적이 없었어요!" 같은 반응을 보였죠.

누구든 내 의견에 대해 신경을 쓰는 사람이 있다면, 내 생각은 이렇습니다. 자유에 기반해 설립된 나라, 시민들에 대한 정부의 통제에 강하게 저항하는 나라(예를 들면 미국)에서는, 1억 명의 행동을 바꾸려 노력하기보다 문제의 근본적인 해결책을 고안하는 쪽이 더 쉬울지도 모릅니다. 가능한 해결책으로는, 그동안 꽤 큰 진전이 있었는데, 실험실에서 인공적으로 육류 단백질을 만들어내는 것입니다. 그렇게 된다면 우리는 생명체를 죽이지 않고도 스테이크를 즐길 수 있겠죠. (이 주제는 내가 진행한 〈스타 토크〉라는 프로그램 중 인기가 많았던 에피소드에서 다룬 적이 있는데, 유명한 템플 그랜딘과 휴메인 소사이어티의 부사장 폴 샤피로가 출연했었습니다.)

그래서 객관적인 진실을 놓고 폭발적으로 반응하는 사람들, 특히 정보를 전달하는 사람을 공격하는 사람들에게는 도무지 무슨 말을 해주어야 할지 저는 정말로 모르겠습니다. 그러나 분명한 사실은 지금 우리가 다양한 의견이 대화보다는 다툼으로 이어지는 세상에서 살고 있다는 것입니다.

– 뉴욕에서, 닐 디그래스 타이슨

후기: 모비는 이후 자신의 인스타그램 포스팅이 "쓸데없이 거칠었다"며 사과했다.

더그래스를 멀리하라

2009년 8월, 은징가 샤바카에게 내 프랑스식 중간 이름을 고수하는 데(그리고 사용하는 데) 대하여 힐난을 들었다. 아프리카 중심적인 감성을 가지고 있는 그녀는 식민지풍 이름이 아프리카계 미국인 사회 안에서 낮은 자존감의 근원으로 작용할 것이라며 이를 용납할 수 없다고 했다. 나는 그러한 의견에 정면으로 맞섰다.

샤바카 씨께
당신의 우려를 공유해주셔서 감사합니다. 그러나 나는 셰익스피어의 경구에 확신을 가지고 있습니다.

> "장미는 다른 이름으로 불려도 그대로 달콤한 향기를 풍길 것이다."

우리 모두 꼬리표보다는 본질이 더 중요하다는 걸 보여줄 수 있도록 열심히 노력해야 할 것 같습니다. 나는 그런 사회에서 살기 위해 분투하고 있습니다.

– 최선을 다해, 닐 디그래스 타이슨

할리우드 나이트

1998년 7월 22일 수요일
《뉴욕타임스》에 기고한 글

요즘 뉴욕시는 상대적으로 치안이 좋아졌다. 그러다 보니 할리우드는 도시에 사는 영화 관객들에게 세상의 종말에 대한 두려움의 형태를 괴물과 유성에 의지하고 있다. 그러나 로맨틱 코미디나 액션 어드벤처 스릴러와는 달리 대부분의 재난 영화는 스토리를 짜기 위해 과학의 열매를 마구 가져다 쓰고 있다. 치명적인 바이러스와 통제 불능의 DNA, 사악한 외계인, 살인 소행성 같은 것들이 최근 영화의 공통된 주제다.• 불행히도 이런 영화들의 과학적 문해력은 화려한 줄거리에 비하면 턱없이 부족하다.

이런 걸 신경 쓰는 사람이 나뿐일까?

단순한 실수에 대해서 말하려는 게 아니다. 로마 시대의 백부장이 손목시계를 차고 나온다면, 그것은 그저 부주의한 결과로 생긴 실수일 뿐이다. 나는 무지에 의한 실수, 예를 들면 일출처럼 보이게 하기 위해 일몰을 찍어 필름을 뒤로 돌리는 그런 행위를 말하는 것이다. 일출과 일몰은 시간에 대하여 대칭적이지 않다. 영화 촬영 기사는 해 뜨기 전에 일어나 진짜 일출을 찍지 못할 만큼 아침잠이 많았던 것일까? 그리고 영화 속 유성들은 어쩌면 그렇게도 겨냥을 잘 하는가? 지구 표면의 70%가 물이고, 99% 이상은 사람이 살지 않는데도! 이번 여름에 개봉한 영화에서는 지구에 유입되는 유성이 크라이슬러 빌딩에

• 특히 〈아마게돈〉(터치스톤 픽처스, 1998년 작)과 〈콘택트〉(워너브러더스, 1997년 작)가 그렇다.

충돌해 빌딩을 산산조각 내고 만다.

그리고 왜 제임스 카메론은 〈타이타닉〉에서 거실의 대갈못에서 그릇까지 온갖 상세한 내용을 고민하고 공들여 수정하면서도 밤하늘은 잘못 찍었는가? 사실 꽤 근접하기는 했다. 그 운명의 날 밤 북쪽왕관자리가 머리 위에 보였을 가능성은 있다. 그러나 별의 개수가 틀렸다. 더 최악인 것은, 하늘의 왼쪽 절반이 오른쪽 절반의 거울 반사 이미지라는 것이다. 그러므로 〈타이타닉〉의 우주는 그냥 틀렸을 뿐 아니라 게으르기까지 하다.

도대체 왜? 장담하건대 당시 의상 스타일을 고증하기 위해서는 철두철미한 조사가 있었을 것이다. 〈타이타닉〉의 등장인물이 러브 비즈 목걸이(1960년대 히피족이 사랑과 평화를 기원하며 착용한, 가슴까지 늘어지는 스타일의 비즈 목걸이—옮긴이 주)를 걸고, 바짓가랑이가 넓은 청바지에 거대한 아프로 헤어스타일을 하고 배에 타고 있었다면, 분명히 관객들은 카메론이 영화를 똑바로 만들지 않았다며 격하게 불평했을 것이다. 내가 이렇게 격하게 항의하는 것이 그런 항의보다 덜 정당한가?

나의 불만은 할리우드에만 국한되지 않는다. 뉴욕의 그랜드센트럴역 천장에 새겨진 웅장한 별들은 어떤가? 별자리들이 뒤집혔다는 게 실수라는 것을 인정하기는커녕 보수공사 중이던 로비에 세워진 표지판에는 이렇게 쓰여 있었다. "별자리가 뒤집혔다는 말도 있지만, 이 '천정'은 사실 우리 태양계 바깥에서 본 풍경을 그대로 보여주고 있습니다." 그러나 이 말은 첫 번째 오류를 감추기 위해 만들어낸 두 번째 오류에 지나지 않는다. 우리 은하의 어느 위치에서 보더라도 지구 밤하늘의 별자리 패턴은 뒤집히지 않는다. 우리가 태양계를 떠나서 별들 사이를 여행한다면, 지구에서 보이는 별자리들은 그냥 완전히 뒤죽박죽이 되고 별자리로서 제 위치를 알아볼 수 없게 된다.

우리 사회에 필요한 것은 과학적 소양을 갖춘 비평가다. 왜 비평가들은 항상 "등장인물이 신빙성을 갖추었다"거나 "음색적 요소들이 세트 디자인의 감성적인 분위기와 충돌한다"는 말들만 늘어놓는가? 나는 비평가가 한 번이라도 "하늘을 나는 접시들은 활주로 유도등이 필요 없다"(〈미지와의 조우〉•의 한 장면)라든가 "달의 위상이 잘못된 방향으로 변화하고 있다"(〈LA 이야기〉••의 한 장면)라든가 "텍사스 크기만 한 소행성은 200년 전에 이미 발견되었다"(〈아마게돈〉의 한 장면) 같은 말을 하는 것을 듣고 싶다. 그제야 사람들은 일상생활 안에서의 물리 법칙이 제 역할을 하고 있다는 것을 깨닫게 될 것이다.

• 〈미지와의 조우〉, 컬럼비아픽처스, 1977년 작.

•• 〈LA 이야기〉, 트라이스타 픽처스, 1991년 작.

책을 쓰고 싶다면, 영화를 만들고 싶다면, 대중 예술 프로젝트에 참여하고 싶다면, 그리고 그렇게 만들 작품이 자연계를 참조한다면, 내가 부탁하는 것은 그저 이웃집 과학자에게 전화를 걸어 물어보라는 것뿐이다. 만일 자연 법칙을 왜곡하기 위해 "과학적 허가증"을 찾는다면, 스토리라인으로 무지를 감추지 말고 사실을 제대로 알고 이를 바탕으로 새로운 스토리를 짜라고 권하겠다. 과학적으로 옳은 내용으로도 풍부하고 비옥한 이야기를 만들 수 있다는 것을 알면 아마 놀랄 것이다. 예술가의 목적이 세상을 파괴하는 것이든 아니든 말이다.

-뉴욕에서, 닐 디그래스 타이슨

추모의 글

아버지께 보내는 편지•

2017년 1월 21일 토요일

사랑하는 아버지께
아버지께서 살아오면서 여러 순간, 여러 상황 그리고 여러 사건과 마주했을 때 제게 보여주신 지혜에 감사드립니다. 아버지의 허락을 받아, 그중에서도 특히 두드러지는 몇 가지 사례를 이 자리에서 나눠볼까 합니다.

저는 아버지의 고등학교 체육선생님에 관한 이야기를

• 이 글은 뉴욕시 홀리 트리니티 천주교회에서 친구들과 가족 앞에서 읽은 추도문을 바탕으로 했다.

잊어본 적이 없습니다. 그분은 아버지의 체형이 트랙이나 필드에서 좋은 육상 선수가 되기에 적합한 몸이 아님을 강조하셨습니다. 아버지의 반응은 이랬죠. "내가 살면서 뭘 잘하고 뭘 못할지 아는 사람은 아무도 없습니다." 그리고 아버지는 곧장 달리기를 계속하셨습니다. 심지어 1946년 베를린 스타디움에서 열린 'GI 올림픽' 때 선수로 출전하시기도 했고요. 전후 세상은 아직 전통적인 올림픽을 치를 준비가 되어 있지 않았습니다. 그래서 이 특별한 이벤트가 전 세계 분쟁 지역의 군인 선수들의 기량을 겨루는 장이 되었었죠. 대학에 진학할 무렵 아버지는 중거리 달리기 종목에서 세계적인 선수가 되셨고, 600야드 달리기에서는 세계에서 다섯 번째로 빠른 기록을 내기도 했습니다. 저는 이 사례에서 얻은 영감으로 제 인생의 야망에 대하여 우리 사회가 보여준 부정적인 압박을 극복해왔습니다.

아버지의 가장 친한 친구 조니 존슨에 대한 이야기도 잊을 수 없습니다. 그분 역시 육상 스타였는데 '뉴욕 육상 클럽'과 경쟁을 하고 있었습니다. 당시 육상 클럽은 당연히 WASP(백인White, 앵글로색슨Anglo-Saxon, 개신교도Protestant의 첫 글자를 모은 말—옮긴이 주)만 받아들였고, 흑인이나 유대인 육상선수는 그 대신 경쟁의 목적으로 설립된 '파이오니어 클럽'에서 팀 동료로서 경쟁을 했습니다.

조니가 마지막 4분의 1마일을 뛰고 있었는데, '뉴욕 육상 클럽'의 주자를 몇 걸음 앞지르게 되었죠. 그때 백인 동료의 코치가 자기 선수에게 소리를 지르는 것을 듣게 되었습니다. "저 검둥이를 따라잡아!" 조니가 스스로에게 한 대답은 간단명료했습니다. "이 검둥이는 따라잡을 수 없는 검둥이라고!" 그리고 그는 선두를 더욱 굳게 지키며 결승선을 통과했습니다. 오늘날이라면 미묘한 차별이라고 불릴 만한 것이 당시 조니에게는 영감으로 작용하고 더 나아지고자 하는 힘으로 표출되었습니다. 그런 이야기를 들으며, 제가 겪은 비슷한 일들을 스스로에게 갖고 있던 기대마저도 넘어설 계기로 삼을 수 있었습니다.

당신은 이민자였던 할아버지와 할머니의 얘기도 들려주셨습니다. 할머니의 직업은 재봉사였고, 할아버지는 '혼 앤 하다트'라는 급식업체의 야간 경비원으로 일하셨습니다. 가끔 돈이 빠듯할 때 할아버지가 남은 음식을 집에 가져오시곤 해서 좋았다고 아버지는 추억하셨죠. 어렵던 시절을 회상하면서도 아버지의 이야기에는 미움이나 증오가 전혀 담겨 있지 않았습니다. 씁쓸한 느낌도 없었어요. 그 대신, 당신의 이야기에는 희망과 영감이 가득 차 있었습니다. 그 이야기에는 사회 정의가 올바른 길을 향해 계속해서 방향을 바꾸어갈 것이라는 확신이 담겨 있었죠. 저는 매일 이 사회의 미래에 대한 아버지의 비전을 저의 삶에 담으며 자랐습니다.

아버지는 학교에서 공부를 열심히 하셨고, 뉴욕시 린제이 시장의 인력 개발부 위원으로 지명되었습니다. 일하시는 내내 사회 정의에 관심을 가지고 있었고요. 기자는 일어나지 않은 일에 대해서는 기사를 쓰지 않습니다. 그러나 아버지가 도심 지역에서 실행했던 프로그램들, 1960년대 말 일촉즉발의 시대를 살던 젊은이들에게 자율권을 주는 프로그램들은 사회의 불안과 혼란을 완화시켰습니다. 확실히 뉴욕은 와츠, 뉴어크, 디트로이트, 신시내티, 밀워키, 특히 시카고와 워싱턴DC나 볼티모어처럼 폭동 진압을 위해 연방 병력이 출동했던 지역에 비해서는 차분한 분위기였죠. 아버지는 이러한 현장의 뒤에서 조용히 일하셨습니다. 아버지가 받은 유일한 보상은 미국 역사에서 남북전쟁 이후 가장 격동적이던 그 몇 해 동안 미국에서 제일 큰 도시가 화염에 휩싸이지 않았다는 사실이었습니다. 알아보는 사람이 없더라도 옳은 일을 하려고 분투하신 아버지 모습은 오늘날 우리 모두의 귀감이 됩니다.

사람들과 정치, 자금의 흐름 그리고 여러 기관들이 남긴 유산에 대하여 아버지가 들려주신 이야기와 견해는 완전히 새로운 형태의 미국 자연사박물관 천체물리 분과를 창설하기 위한 나의 노력에 대단히 중요한 정보가 되었고, 결국 저는 성공할 수 있었습니다. 아버지는 옳은 것만으로는 충분하지 않으며 동시에 효율적이기도 해야 한다는 것을 저에게 가르쳐주셨습니다. 덕분에 이제 저는 자연사박물관 천체물리 분과를 제 인생의 가장 뛰어난 성과 가운데 하나로 꼽고 있습니다.

그러니까 아버지, 당신께 고마움을 표하는 이 편지는 단순히 제가 평생에 걸쳐 이미 감사했던 것들을 사람들 앞에서 알리는 것일 뿐입니다. 삶을 가장 충실하게 살 수 있도록, 그러면서도 가능하면 다른 이들의 고통을 덜어줄 수 있도록 나를 이끌어주는 원칙을 보여주신 데 진심으로 감사하고 있습니다.

아버지가 많이 그리울 겁니다. 벌써 그리워하고 있으니까요.

시릴 디그래스 타이슨

1927년 10월~2016년 12월

감사의 글

문학 에이전트인 B. 러너에게, 이 프로젝트의 처음부터 끝까지 당신이 보여준 지원과 열정에 감사합니다. 또한 이 책을 구성하는 데 필요한 기록들을 자료 보관소에서 찾아 모으고 끈기 있게 관리해준 L. 뮬런과 언제나 후방 지원을 도맡아준 M. 감바르델라와 E. 스태초우에게도 감사합니다. 오랫동안 함께 책 출간 작업을 해온 W.W. 노턴의 편집자 J. 글러스먼에게도 감사합니다. 또한 인류학에 대한 전문성으로 도움을 주신 N. 리건과 T. 디소텔, 그리고 특유의 냉철함으로 원고 전체를 검토해준 S. 소터에게 감사합니다. 물론 가장 중요하게 감사드려야 할 분들은 이 책에 편지를 싣도록 허락해주시고 우리의 대화를 새롭게 소개할 수 있도록 해주신, 편지를 보내주신 모든 분들입니다. 그분들의 질문 중 일부는 지극히 개인적이고 민감한 내용을 담고 있으며, 행복과 성공으로 가는 고되고 변덕스러운 길을 다루고 있습니다. 이 책에 담긴 그분들의 이야기는 그와 같은 또는 비슷한 인생의 길을 걸어가는 다른 이들에게 큰 도움이 될 것입니다.

나의 대답은 오직 과학입니다

—

1판 1쇄 인쇄 2020년 10월 23일

1판 1쇄 발행 2020년 11월 3일

—

지은이 닐 디그래스 타이슨

옮긴이 배지은

—

펴낸이 강동화

펴낸곳 반니

주소 서울시 서초구 서초대로77길 54

전화 02-6004-6881 팩스 02-6004-6951

전자우편 banni@interpark.com

출판등록 2006년 12월 18일(제2014-000251호)

—

ISBN 979-11-90467-95-7 03400

—

책값은 뒤표지에 있습니다. 잘못된 책은 구입하신 곳에서 교환해드립니다.

—

이 도서의 국립중앙도서관 출판예정도서목록(CIP)은 서지정보유통지원시스템 홈페이지(http://seoji.nl.go.kr)와 국가자료공동목록시스템(http://www.nl.go.kr/kolisnet)에서 이용하실 수 있습니다.(CIP제어번호: CIP2020043810)